麵包製作

第三版

理論實務與案例

葉連德 著

五南圖書出版公司 印行

作者序

　　麵包不僅是主食提供溫飽，它的美味更可以令人產生幸福感。筆者累積八年企業實務經驗與十八年的烘焙管理教學心得，期能將長期累積的理論與實務經驗，編制成完整的麵包製作專書。

　　麵包的種類及花樣繁多，依據CNS國家標準分類（Chinese National Standards, CNS），區分為：硬式麵包及餐包、軟式麵包及餐包、甜麵包與特殊麵包等四種。至於麵包製程方法最常見為：直接法、中種法、液種法、天然種發酵法與湯種法等。本書內容完整介紹各類麵包製作及其各種製程，由淺入深，深入淺出，適合初學者，也適合有意精進者。

　　本書從麵包製作學習入門、麵包原料、麵包製程、烘焙計算及麵包配方介紹，以精簡的方式呈現，讓讀者在最短時間內了解麵包製作之精華。提供如下學習目標，希望研讀本書之後，讀者能完成美味的麵包製作並推廣之。

1. 麵包製作學習入門：讓讀者掌握到學習重點，達到事半功倍之效果。
2. 認識麵包原料：了解麵包原料屬性與特性，有助於新產品開發材料之取捨。
3. 熟悉麵包製程：可依實際工廠或工作室生產條件，選擇最適合的生產方法。
4. 烘焙計算：有助於精準生產，確保品質穩定。
5. 配方介紹：從實用性的麵包配方中，製作產品。

　　筆者綜合數十年之烘焙、教學經驗，並以極虔敬之心，審慎編撰，期能吸引讀者一窺麵包製作之堂奧。惟麵包製作技術發展日新月異，無法窮盡，疏漏難免，尚祈各先進與讀者不吝指正、賜教，以供再版更正，使本書更臻完美，嘉惠後輩。

葉連德　謹識

2015年10月

C O N T E N T S

CONTENTS

麵包製作學習入門

CHAPTER 1

在知識、資訊爆炸的時代，網路或坊間麵包書籍繁多，麵包製作相關配方滿天飛，缺乏有效分類、系統介紹之專書。尤其，過度行銷的結果，處處可見「麵包達人」，而實則良莠不齊，無法判斷真偽。如何掌握關鍵資訊，有效學習，是許多麵包製作同好的共同問題。

筆者個人認為，想在短時間內學到麵包製作的精華，建議從以下三方面著手，將可事半功倍。

一、建立麵包基本配方架構與了解原料對麵包之影響。

二、了解麵包製作方法。

三、熟悉麵包製作原理。

第一節　建立麵包基本配方架構與了解原料對麵包之影響

學習麵包製作從建立麵包基本配方架構與了解原料對麵包之影響開始，再依產品特殊需求，調整配方，對於日後開發新產品，具有事半功倍之效果。換言之，建立麵包基本配方架構，對於日後所看到的麵包配方，進行差異性比較時，可熟悉每個材料增減所產生的影響，並能感受到新配方的特色。

基本配方架構	
材料	烘焙百分比
高筋麵粉	100
鹽	1
即溶酵母	1
水	53
糖	10
全蛋	10
奶粉	4
奶油	10
合計	189

　　各材料增減對麵包所產生的影響，說明如下：

1. 鹽：鹽是屬於韌性材料，增加鹽量，除了增加鹹度外，對於產品有增強麵糰筋性之效果。但一般而言，鹽之添加量若超過2.5%，即屬鹹度太高。食鹽在麵糰攪拌之功能：增進麵糰機械耐性、阻礙水合作用、延長攪拌時間。食鹽在麵糰發酵之功能：阻礙麵糰氣體生成與抑制麵糰發酵。

2. 即溶酵母：主要功能是產氣，讓麵包產生膨鬆的組織。一般添加量1%即可，除非製程縮短時間，增加其添加量，但是酵母加太多（超過1.5%）麵包就有不良氣味，且成品組織粗糙，老化快。

3. 水：水之添加量與麵粉本身吸水量有關，因此不同廠牌、種類的麵粉，加水量可能會不同。水多則麵糰軟（但是太軟不易整形），製作出的成品軟，水少則麵糰硬，製作出的成品硬（組織紮實）。

4. 糖：糖是屬於柔性材料，增加糖量，除了增加甜度外，對於產品有增加柔軟之效果。

5. 全蛋：全蛋是屬於溼性材料，如果麵粉吸水量不變，蛋加愈多則水要減少，不然麵糰會太軟（其實雞蛋的水分只有含量75%，因此雞蛋與水不能1:1等比率取代）。蛋白屬於韌性材料，能增強麵糰筋性；蛋黃屬於柔性材料，能增加麵包柔軟度。

6. 奶粉：是屬於韌性材料，能增強麵糰筋性，有助於麵包體積增加。而且增加麵包奶香味，但是加太多（超過6%），韌性太強，麵包體積膨脹受限制。

7. 奶油：是屬於柔性材料，能增加麵包柔軟性，在麵糰中扮演潤滑角色，能增加麵包體積。而且奶油能增加麵包奶香味。但是太多油脂（超過10%），則由於柔性材料太多，麵包體積反而減小。

第二節　麵包製作方法與製程原理

　　麵包製作方法很多，最常見之方法包含直接法、中種法（隔夜冷藏中種法）、液種法、湯種法與天然種法等五種。此將在後續單元中一一介紹。

麵包基本製程分爲：攪拌、基本發酵、翻麵、分割、滾圓、中間發酵、整型、最後發酵、烤焙、出爐等階段。在此，簡要說明各階段原理：

一、攪拌

麵糰經過攪拌後產生麵糰筋性，主要是由麥穀蛋白（Glutenin，具有彈性功能）與醇溶蛋白（Gliadin，具有黏性功能）互相組合，形成具有黏彈性的麵糰筋性。其麵糰筋性形成過程中，主要是蛋白質中胺基酸的硫氫鍵（-SH），氧化形成雙硫鍵（S-S），此麵糰筋性將可形成薄膜現象，而薄膜將會包住酵母所產生的氣體，讓麵糰脹大。另外，攪拌過程中將氣體打入麵糰，形成氣室（Cell）。一般麵糰攪拌後理想溫度爲 26℃，但是法國麵包麵糰攪拌完成之理想溫度爲 22℃～ 24℃。

二、基本發酵

酵母在麵包製作上的主要功能是使糖轉變成酒精、二氧化碳及芳香化合物，亦即發酵過程中產生酒精與二氧化碳，被包在麵糰筋性中，使麵糰體積膨脹變大。同時也產生特殊風味物質。產氣過程中，將攪拌中所形成的氣室撐大。酵母雖然會產氣讓氣室脹大，但是不會產生麵糰氣室，氣室是在攪拌過程中將空氣打入麵糰所形成。一般基本發酵條件：溫度 28℃，相對溼度 75%；設此條件原理：酵母在此環境生長最好。但是法國麵包基本發酵條件：溫度 27℃，相對溼度 75%。此溫度比一般麵包稍微低，主要配合法國麵包最後發酵溫度 26℃～ 30℃。基本發酵時間過久，其麵糰表面：易脆裂呈片狀，所製作麵包，由於麵糰中的糖被酵母分解而減少，導致褐變反應少，因此成品表皮顏色較淺。影響發酵速度的因素：溫度高低、高糖含量的滲透壓、酸鹼度（pH 值）、添加防腐劑。

三、翻麵

當基本發酵進行到 1/2 ～ 2/3 時間時，將麵糰進行翻麵，有助於提升麵包品質。此翻麵原理：

1. 使麵糰溫度均勻，麵糰發酵均勻。
2. 藉由按壓麵糰，刺激麵糰筋性組織，讓鬆弛的麵糰緊實起來，強化麵糰

筋性的張力、密實網狀結構，使麵糰更能保住二氧化碳，讓麵包更大、更膨鬆。

3. 翻麵時使麵糰中的空氣與二氧化碳排出，將大氣泡分散成更多個小氣泡，有助於使麵包的紋理細緻。

四、分割、滾圓

麵糰分割成想製作麵包的大小後，由於分割後形狀不完整，可經過手或機器的抓、推、扭轉及滾動等動作搓揉麵糰使成表面光滑的圓形，便於整形可防止氣體洩出並使氣體均勻分布。滾圓後的麵糰，由於適度地刺激麵糰筋性組織，增強麵糰表面的緊實張力，使麵包更加膨鬆脹大。

五、中間發酵（醒麵）

滾圓後的麵糰，由於失去氣體而變的組織結實、麵糰筋性緊縮，須在28℃，相對溼度70%～75%，約15～20分鐘，使麵糰筋性鬆弛，讓麵糰恢復到應有的延展性與彈性，此過程稱為中間發酵又稱為醒麵。由於中間發酵，使麵糰重新產生氣體，恢復原來柔軟體質，方能再進行整型操作。

六、整型

完成中間發酵的麵糰，麵糰筋性組織再次呈現鬆弛狀態，麵糰恢復其延展性，以手工或壓麵機推出空氣或大氣泡，然後將麵糰整型成以烘烤完成形狀為目標。

七、最後發酵

最後發酵的目的是使整形好的麵糰重新發酵，並在短時間內，使麵包體積迅速充氣膨大，為製程中最後一次的發酵。為了使麵糰能夠得到健全的後發酵，溫、溼度與時間須控制得宜，才能得到品質均勻的麵包。一般麵包最後發酵條件：溫度38℃，相對溼度85%，時間約40～60分鐘，設此條件原理：酵母在此溫度下產氣量最好，且溼氣太低將造成麵糰表面乾燥結皮而影響麵糰脹大；溼氣太高麵糰表面太溼，將導致麵包表皮形成氣泡。但是硬式麵包（法國麵包）的最後發酵溫度：26℃～30℃，相對溼度75%，主要是此溫度、溼度對於硬式麵包後續操作性比較好。

八、烤焙

　　麵糰在烤爐中產生兩種主要變化：(1) 體積脹大，(2) 表面褐變反應（梅納反應與焦糖化反應）形成顏色。其脹大原理主要是麵糰中氣室受熱膨脹，氣室中的麵糰筋性具有黏彈性，而氣室內的二氧化碳與水蒸氣受熱膨脹，因二氧化碳的膨脹與水蒸氣的氣化壓力，而使得麵糰膨脹起來。麵包的結構：麵糰筋性所形成的網狀結構的薄膜組織，因加熱而產生熱固化，以建築物而言就像樑柱般存在，成為麵包的骨架。其次，麵糰中含有小麥澱粉，加熱後會因吸收水分而膨脹、糊化，產生熱凝固。以建築物而言，就像是形成樑柱間的牆面。紮實的麵糰筋性骨架和澱粉形成彈性的牆壁，才能做出膨鬆柔軟的麵包。在此針對麵包心與麵包皮說明其過程：

(一) 麵包心（Crumb）

1. 30℃～45℃時，酵母及各種酵素的活動更加活化，麵糰中開始產生大量二氧化碳。

2. 50℃～60℃時，因產生大量二氧化碳，麵糰開始產生膨脹。麵包的烤焙彈性（oven spring）在此階段形成，澱粉膨脹開始糊化，酵素活性加強，蛋白質軟化。

3. 60℃時，酵母及各種酵素都已經停止活動，而表層外皮已經形成。小麥澱粉的糊化大約 55℃ 左右開始，至 85℃ 左右時完成並結束糊化，接著繼續加熱，則此澱粉會開始乾燥而固化，蛋白質在 70℃ 左右開始固化。

4. 60℃～95℃時，澱粉糊化後漸漸水分蒸發而固化，同樣蛋白質也受熱變性而固化，因而形成麵包組織架構。

5. 97℃～98℃時，麵糰中水分蒸發十分活躍，因此，沉重的麵糰因水分變為水蒸氣蒸發，而且二氧化碳受熱膨脹，麵糰變得鬆軟輕柔，麵包心 97℃～98℃時已經熟了（即可出爐）。

(二) 麵包皮（Crust）

1. 初期：麵糰中的水分氣化變成水蒸氣，因此表皮被水蒸氣薄膜覆蓋著的狀態，表皮柔軟尚未呈色。

2. 中期：麵糰表層乾燥，表皮外皮形成。

CHAPTER 1
麵包製作學習入門

3. 後期：表層外皮的表面溫度為 140℃ ～ 150℃，蛋白質的胺基酸與糖產生梅納反應，外皮呈現略黃的顏色；表層外皮的溫度為 160℃ ～ 180℃，糖產生焦糖化反應，外皮呈現金黃色。

　　麵包烤焙時期麵糰之化學反應：梅納反應與生成二氧化碳；麵糰之物理反應：表皮薄膜化形成與酒精昇華。

　　製作硬式麵包採蒸氣烤焙的功能：促使麵糰表皮薄膜化與增加麵糰表面張力使其膨脹。最後，要注意烤焙技巧，大麵糰的烤焙溫度應下火大上火小，溫度不要太高，否則表皮烤焦了，內心還沒熟；小麵糰的爐溫，則應採用上火大下火小，儘量高溫烤焙，使表皮迅速形成而封著表面，避免水分過度蒸發造成麵包口感太乾。

九、出爐

　　土司麵包等以模型烘焙的麵包，在出爐後必須立刻連同模型在操作臺上敲扣，給予外力撞擊（shock），並盡速地將麵包脫模，放在冷卻架上。藉由這樣的動作，使得存在麵包內的水蒸氣能及早蒸發，以防止酥脆的外皮變得溼軟，利用撞擊的力量破壞形成柔軟內側氣泡膜內的脆弱氣泡，使其成為安定的氣泡，如此可以更加強化麵包的結構，在某個程度上足以防止麵包的攔腰塌陷。

第三節　麵包分類

　　了解麵包分類，有助於全面性掌握所有麵包。依據 CNS 國家標準分類，從配方中糖與油脂含量多寡分類為：硬式麵包及餐包、軟式麵包及餐包、甜麵包與特殊麵包等四種。產品分類、原料使用與特性說明如表一所示：

表一　麵包國家標準分類與說明	
產品分類	**原料使用與特性說明**
硬式麵包及餐包 （Hard Bread and Rolls）	此類麵包配方中原料使用的糖、油脂量皆為麵粉用量 4%以下。 硬式麵包的產品特性為：表皮脆、內部軟。

產品分類	原料使用與特性說明
軟式麵包及餐包 （Soft Bread and Buns）	此類麵包配方中原料使用的糖、油脂量皆為麵粉用量4%～10%。
甜麵包 （Sweet Rolls）	此類麵包配方中原料使用的糖、油脂量皆為麵粉用量10%以上。餡料（包於內部或外表裝飾）應為麵糰重20%以上。
特殊麵包 （Special Breads）	1. 油炸麵包（Fried Bread）：凡以油炸代替烤焙所製作之麵包。 2. 蒸麵包（Steamed Bread）：凡以蒸氣蒸代替烤焙所製作之麵包。 3. 裹油麵包（Butter Roll-in Bread）：此類麵包配方中低成分（俗稱歐式），原料使用的糖、油脂量皆為麵粉用量之10%以下；高成分（俗稱美式），原料使用的糖、油脂量皆為麵粉用量之20%以上。且裹入用油量不得低於總麵糰量之20%。製作時須經摺疊過程，使產品產生層次而具酥脆之質感。 4. 穀類麵包及餐包（Grain Bread and Rolls）：凡在軟或硬式麵包中添加合法之穀物、核果或蔬菜且其添加量不得低於麵粉用量之20%。 5. 全麥麵包及餐包（Whole Wheat Bread and Rolls）：凡在麵包製作配方中，使用全粒小麥磨成之全麥粉製作之產品其添加量不得低於麵粉用量之20%。 6. 麩皮麵包及餐包（Wheat Bran Bread and Rolls）：不添加全麥粉而添加麩皮所製作之產品，且麩皮含量不得低於麵粉用量之14%。 7. 胚芽麵包及餐包（Wheat Grem Bread and Rolls）：凡在麵包製作配方中，添加胚芽之產品且胚芽含量不得低於麵粉用量之5%。 8. 平板麵包（Flat Bread）：凡是軟或硬式麵包中，麵糰整形成薄扁平狀，直徑大於10cm以上，可加餡料或不加餡料烤焙之產品。 9. 特定材料麵包及餐包（Special Ingredients Bread and Rolls）：凡在軟或硬式麵包中添加合法之輔助原料，以顯現其風味及特色為訴求時，各項原料添加量不得低於麵粉用量之20%。但不包括牛奶麵包與雞蛋麵包。 10. 牛奶麵包（Milk Bread）：產品中之乳固形量不得低於麵粉用量之8%。 11. 雞蛋麵包（Egg Bread）：產品中之雞蛋固形量不得低於麵粉用量之2.5%。

第四節　烘焙製作環境衛生

　　建立整齊乾淨的環境，不但可避免產品污染，而且助於工作人員心情舒服，雖是老生常談，卻是廚藝從事人員基本素養，也是一種基本功。沒有良好的安全衛生環境，所有保證產品美味都是空談。精簡要領說明如表二所示。

表二　烘焙環境衛生要領	
項　目	要　領
情緒	以充滿愛心與愉快的心情製作產品。
制服	穿著乾淨、整齊工作制服。
帽子	戴帽子並把長頭髮塞入帽內或網內。
鞋子	著工作鞋，不得穿拖鞋、涼鞋。
手部	有傷口、膿腫及患法定傳染性疾病者不得直接接觸食品（傷口須包紮好）。
指甲	不得留指甲及塗指甲油。
飾物	不得戴戒指、手錶、手鍊。
食物	不得在工廠飲食、嚼口香糖、吸菸。
操作前	先洗手並確定設備安全、器具衛生乾淨。
設備	落實保養與維護制度及確實清潔。
器具	使用後，洗淨擦乾放固定位置並確實清點。
原物料	使用後，將剩餘材料放置貯存箱並擺放固定位置。
桌面	隨時保持乾淨。
地板	離開前需打掃及洗淨。
垃圾	每天工作結束馬上清理以避免蚊蟲孳生。

第五節　麵包器具

　　製作麵包經常使用器具除了烤模外還有切麵刀、包餡匙、擠花袋、輪

刀、尺、擀麵棍、切麵刀、噴水器及篩網等，其器具圖片與名稱，如下所示：

器具介紹

12兩烤模12"Pan

（2100cc）（長18cm×寬11cm×高11cm）

包餡匙
Scraping Spoon

24兩烤模24"Pan

（4050cc）（長31cm×寬11cm×高11cm）

擠花袋
Pastry Bag

（Icing Bag）

烤模Mould

（1100cc）（長18cm×寬9cm×高7.8cm）

花嘴
Tube
(Decorating Tips)

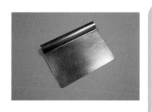

切麵刀
Scraper (Divider)

輪刀
Rolling Cutter

噴水器
Spray

尺
Ruler

一般篩網
Sieve (Sifter)
（20～40目）

擀麵棍
Rolling Pin

麵包原料

CHAPTER 2

第一節　麵包材料屬性

欲設計麵包配方或調整配方，首先需了解材料屬性，麵包材料依其用途分類，區分為基本材料、主要材料與添加材料。麵包之基本材料包括：麵粉、酵母、水與鹽。主要材料包括：糖、油脂、蛋與奶粉等。添加材料為乾果、蜜餞、改良劑、乳化劑、麥芽精、香料、食用色素等；依材料狀態分為乾性材料與溼性材料；依材料性質分類，則區分為柔性材料與韌性材料，柔性材料促進麵包柔軟性但太多則太柔軟無法挺立；韌性材料加強麵包韌性及彈性但太多則麵包乾而硬。其中柔性材料包括：糖、蛋黃、糖漿、油脂、膨大劑、乳化劑、醋、酵母、蜂蜜等。韌性材料包括：麵粉、奶粉、蛋白、鹽等。為方便讀者一目了然，整理如下表四所示。

表四	烘焙原料特性	
	材料分類	材　料　項　目
材料用途	基本材料	麵粉、酵母、水、鹽
	主要材料	糖、油脂、蛋、奶粉
	添加材料	堅果、蜜餞、改良劑、乳化劑、麥芽精、香料、食用色素
材料狀態	乾性材料	糖、鹽、奶粉、麵粉、膨大劑
	溼性材料	水、奶水、蛋、蜂蜜、糖漿
材料性質	柔性材料	糖、蛋黃、糖漿、油脂、膨大劑、乳化劑、醋、酵母、蜂蜜
	韌性材料	麵粉、奶粉、蛋白、鹽

第二節　麵包材料特性

選擇材料前先了解其特性及其在麵包製作所扮演的功能，在此針對麵包之基本材料：麵粉、酵母、水與鹽，主要材料：糖、油脂、蛋與奶粉，添加材料：改良劑、乳化劑、麥芽精、堅果等。精要整理如下：

一、基本材料

(一) 麵粉

1. 原料來源

麵粉來自於小麥，高筋麥（橫斷面成玻璃質狀）生產高筋麵粉，低筋麥（橫斷面成粉質狀）生產低筋麵粉。一般而言，硬麥蛋白質含量比軟麥高，春麥蛋白質含量比多麥高，因此硬紅春麥蛋白質含量高於硬紅多麥，而硬紅多麥蛋白質含量大於軟紅多麥。

2. 小麥製粉

(1) 小麥製粉時，出粉率與麵粉灰分成正比。

(2) 麵粉中添加維生素 C 做為改良劑之主要效用為：熟成作用。主要目的是促進麵包膨脹。

(3) 麵粉顏色影響麵包之顏色，愈近於麥粒中心部分之麵粉品質愈好顏色也愈白，俗稱「粉心粉」，但製作硬式麵包時，麵粉顏色並不很重要。

(4) 麵粉俗稱「統粉」是指小麥全部內胚乳部分。

(5) 小麥製粉過程中有個步驟稱為漂白（Bleaching），其主要目的是：催熟麵粉中和色澤。

(6) 一顆小麥中蛋白質含量最高的部分是：胚乳。

(7) 一顆小麥中胚芽所占的重量約為 2.5%。

(8) 全麥麵粉中麩皮所占的重量為 12.5%。

(9) 小麥胚芽中含有 25% 的蛋白質。

3. 麵粉品質分析

麵粉品質分析區分為化學性分析與物理性分析，化學性分析包括：水分、灰分、粗蛋白質含量與溼麵糰筋性含量；物理性分析包括：粉質儀分析（Farinograph）、拉伸儀分析（Extensograph）、糊化分析儀（Amylograph）、連續溫度糊化分析儀（Viscograph）與白度測定（Pekar test）等。

(1) 製作土司麵包最好選用：高筋麵粉。我國國家標準（CNS）對麵粉

之分級，高筋麵粉的粗蛋白質含量約在 11.5% 以上。其吸水量約在 62% ～ 66%。

(2) 物理性測定儀器中 Farinograph 畫出圖表可以得到麵粉的吸水量、攪拌時間及耐攪拌耐力。

(3) 物理性測定儀器中 Extensograph 畫出的圖表可以得到麵糰的延展性與抗張性。

(4) 物理性測定儀器中 Amylograph 畫出的圖表可以得到麵粉的澱粉酵素的強度。

(5) 物理性測定儀器中 Viscosgraph 可測麵粉連續溫度黏度測定。

(6) 麵粉白度測定（Pekar test）測定麵粉顏色，此測試易受折射光線所產生陰影的影響發生偏差，平板上的麵粉泡水容易發生偏差，麵粉表面經乾燥後，受酵素的影響會發生偏差。

4. 麵粉特性

(1) 麵粉依蛋白質含量高低大致區分為：高筋、中筋及低筋麵粉，從外觀區別則高筋麵粉較鬆散，低筋麵粉較具凝聚感。

(2) 麵糰筋性主要是由麥穀蛋白（Glutenin，具有彈性功能）與醇溶蛋白（Gliadin，具有黏性、延展性功能），麥穀蛋白的分子比醇溶蛋白大，醇溶蛋白可溶解於酸、鹼或 70% 酒精溶液。

(3) 麵粉中澱粉約占總麵粉重量的 70%，小麥澱粉含直鏈澱粉和支鏈澱粉。糖化酵素（β-amylase）只分解直鏈澱粉，至於支鏈澱粉之分支點需液化酵素（α-amylase）才能分解，因此多支狀的澱粉，需經過液化酵素分解成糊精或小分子澱粉，再由糖化酵素分解成麥芽糖，小麥本身含足量的糖化酵素；至於液化酵素，只有在發芽小麥中產生，為了彌補此不足，麵包配方常添加麥芽精，因為麥芽精含有液化酵素。液化酵素對於熱的穩定度比糖化酵素高，在 70℃ 還能保持活力。

(4) 麵粉蛋白質含量（%）與麵粉總固形物含量（%）成正比；麵粉的總水量（%）（麵粉水分含量＋麵粉吸水量）與麵粉總固形物含量（%）成正比。

(5) 筋性愈高之麵粉吸水率愈多，耐攪拌性亦愈強。

(6) 麵粉中的蛋白質缺少離胺酸（lysine），可添加乳品加以補充；蛋白質中的氨基酸，半胱胺酸（cysteine）具有硫氫根（-SH），此胺基酸影響麵糰操作性甚大。

(7) 麵粉所含的蛋白質愈高，其麵包表皮顏色愈深。

(8) 麵粉之蛋白質每增加或減少 1%，即增加或減少約 2% 吸水量；麵粉中添加活性麵糰筋性每增加 1% 時，則麵粉吸水量可提高 1.5%。

(9) 麵粉含水量比標準減少 1% 時，則麵包麵糰攪拌時配方內水的用量可隨著增加 2%。

(10) 麵粉應有足夠熟成，麵糰筋性的強度才足以形成良好網狀結構，用以保留發酵產生的二氧化碳。

(11) 麵粉應有足夠的糖化及澱粉酵素，用以轉化麥芽糖供酵母發酵用及足夠的液化酵素以調整澱粉之膠性，增強麵糰之發酵耐力。

(12) 麵包添加物用的麥芽粉其主要功能為：增加液化酵素含量。

(13) 麵粉吸水量愈大則麵包體積及品質愈理想，成品貯藏時間愈長其經濟價值愈大。

(14) 做麵包的麵粉如果筋性太強，不易攪出麵糰筋性可考慮配方中添加還原劑。

(15) 目前臺灣的麵粉普遍一袋 22 公斤裝銷售。

(16) 麵粉貯藏於陰涼乾燥環境（溫度：18℃～24℃；溼度：55%～65%）。

（二）酵母

1. 酵母是生物，酵母屬於真核菌類之微生物，酵母大致區分為新鮮酵母（塊狀）及即溶酵母（細顆粒狀），其使用量為新鮮酵母：即溶酵母 = 3：1。

2. 酵母又區分為高糖酵母與低糖酵母，高糖酵母特色：耐滲透壓，含轉化酵素（蔗糖轉化成葡萄糖與果糖）。低糖酵母特色：不耐滲透壓，含麥芽酵素（麥芽糖分解成葡萄糖）。

3. 酵母以出芽方式增殖，在最適切的環境下，由出芽至分離為止需要

2 個半小時到 3 小時。

4. 酵母可以分解麥芽糖、葡萄糖及蔗糖，但是對於乳糖則無法進行分解。

5. 酵母在有氧環境進行呼吸作用；在無氧環境進行發酵作用。

6. 酵母在麵糰中的主要作用是產生大量的氣體使麵包膨鬆，若加入促進酵母生長的物質可使發酵力增加而產生更多的氣體。

7. 新鮮酵母含水量約為 70%。

8. 溶解乾酵母的水溫最好採用 39℃～ 43℃。

9. 老麵微生物中的野生酵母與乳酸菌每克含量：野生酵母有 1500 ～ 2800 萬個；乳酸菌有 6 ～ 20 億個。

10. 製作麵包時，酵母不可直接浸泡於冰水中，以免活性減少。

11. 未開封的即溶酵母貯存於 21℃可以保存 2 年。

12. 新鮮酵母必須冷藏方式貯藏（1℃～ 10℃）。

（三）水

1. 水的硬度是指水中所含的鈣離子及鎂離子的量。含量愈高就是硬度愈高。

2. 水在麵包製作時占了很大的比例，水的硬度影響麵包品質及麵糰功能至巨，一般以中程度硬水（100mg/L）最適合麵包製作。

3. 水中適量之礦物質能提供酵母營養及增強麵糰筋性韌性，但礦物質含量高的硬水則導致麵糰筋性韌性過強，反而抑制發酵作用。

4. 軟水因缺乏礦物質，麵糰筋性太黏不適合製作麵包。

5. 鹼性水會減弱麵糰筋性強度，並中和麵糰發酵所產生之酸，對發酵產生不良影響。

6. 水的溫度是影響攪拌麵糰溫度之關鍵，必要時須搭配碎冰或溫水控制麵糰溫度。

7. 攪拌麵糰時最能使麵糰筋性形成的水溫為：25℃～ 35℃。

（四）鹽

1. 鹽屬於韌性材料。

2. 鹽能增進麵糰之韌性和脹力，使麵糰筋性的網狀結構變得更加細緻緊密，使其成為富含彈性、紋理細緻的美味麵包。

3. 無鹽的麵糰，表面呈現沾黏無法緊實，麵糰的氣體保存力降低，容易成為膨鬆狀態不佳的麵包，因此無鹽麵包組織粗糙，結構鬆軟，切片時麵包屑較多；未使用鹽的麵包表皮顏色蒼白。

4. 鹽具有穩定發酵作用的功能，無鹽麵糰發酵快速而不穩定，配方中含適量的鹽可穩定發酵作用，麵包中鹽的使用量最高不宜超過2.5%。

5. 麵包麵糰中的鹽以 0.8% ～ 2.0% 為宜，一般糖量高的麵糰，鹽的用量相對應減少，反之則應增加。使用硬水製作麵包時避免增加食鹽量。

6. 鹽在含糖量高的產品中，降低產品甜膩感。

7. 適量的鹽可襯托出烘焙產品中其他原料特有的香味。

8. 鹽以常溫方式貯藏即可。

二、主要材料

（一）糖

1. 糖屬於柔性材料。

2. 高糖量（20% ～ 25%）的麵糰應增加攪拌時間或減少水量，使麵糰筋性能充分擴展，以製得體積理想之麵包。

3. 麵包配方中 5% 左右的糖量能促進發酵，但若超過 8% 以上反而抑制發酵作用。

4. 土司麵包配方中糖的用量不夠時，產品的四角多呈圓鈍形，烤盤流性差。

5. 糖在烤焙時由於梅納反應與焦糖化反應，產生呈色效果，一般以果糖最易使產品著色，葡萄糖又比蔗糖易著色。

6. 麵包風味之形成以糖影響最大，其中蔗糖比葡萄糖、麥芽糖、乳糖爲甜，因而更能產生風味。

7. 糖量高的麵包易著色，因烤焙時間縮短而可保留更多的水分，使麵包柔軟。

8. 把蔗糖轉化成葡萄糖與果糖的酵素是：轉化糖酵素（Invertase）。

9. 糖具有保水性，能使產品有溼潤感。

10. 吸溼性強之還原糖，可防止麵包老化，抑制乾硬。

11. 糖以常溫方式貯藏即可。

(二) 油脂

1. 油脂屬於柔性材料，也是一種三酸甘油酯。

2. 由甘油和脂肪酸酯化而成，能延緩麵包的硬化。

3. 一般麵包使用的油脂量以 8% ～ 10% 爲宜，固體油脂潤滑作用良好，所以攪拌麵糰時大都選用固體油脂。

4. 麵糰中油脂量愈高，表皮受熱愈快，顏色則愈深，麵包表皮愈厚，質地愈柔軟；反之，油脂含量愈少，則受熱差，顏色蒼白。

5. 油脂在麵糰內之主要功能是潤滑作用，使麵糰有良好之延展性，利於發酵，提升麵包的膨脹能力。油脂含量高的配方，攪拌時水溫應降低，攪拌速率稍慢，時間應延長。

6. 油脂用量太高時，酵母細胞被油脂包圍，影響滲透作用及保氣性而阻礙發酵速度，使麵包體積膨大受限，成品體積欠佳。

7. 配方中如不使用油脂，麵糰在發酵過程中之保氣性差，麵包體積甚小。麵包底部大多不平整，頂部兩端低垂，並缺乏發酵作用所產生的香氣。

8. 配方中適當的油脂，由於氣室被油膜均勻包覆，因此延遲水分蒸發，使麵包延緩老化。

9. 發酵奶油是在製作過程中添加乳酸菌，使其發酵製作而成。經過乳酸菌發酵之後的奶油具有獨特的香氣及風味。

10. 丹麥麵包裹入用油脂特性：延展性（可塑性）、安定性要好。

11. 奶油含水量 16%，瑪琪琳成分中約含有 20% 水及 3% 鹽，而酥油與白油卻不含水與鹽。

12. 黃豆油的不飽和脂肪酸含量高，較不穩定，容易氧化。

13. 油炸油應選用飽和脂肪酸多，脂肪酸的碳鏈愈長融點愈高。發煙點高的油脂油炸愈穩定，而且固體油炸油比液體油炸油，炸出的成品較乾爽。

14. 天然奶油比人造奶油有較佳的烤焙風味。

15. 製作麵包時，固態油脂於擴展階段拌入，液態油脂於開始即可拌入攪拌。

16. 自製豬油貯存於較高溫（35℃）時易變質。

17. 天然奶油需以冷藏方式貯藏，人造奶油一般以常溫方式貯藏並避免光照。

(三) 雞蛋

1. 蛋黃屬於柔性材料；蛋白屬於韌性材料。

2. 蛋一般的平均重量為 50 ～ 60 克，其中蛋黃約占 1/3，蛋白約占 2/3。

3. 全蛋固形物約 25%，蛋黃固形物約 50%，蛋白固形物約 12%。

4. 蛋殼所占全蛋比例為 10% ～ 12%。

5. 蛋黃中的油脂含量為蛋黃的 33%，蛋黃中含有卵磷脂（Lecithin）是一種天然的乳化劑，可以使材料充分混合，有助於麵糰柔軟及體積增加，還能讓麵包口感變好。

6. 一般甜麵包的含蛋量以 8% ～ 16% 為宜，含蛋量超過 20% 以上時，其濃度不易滲透而使麵糰筋性軟化，影響麵糰的組織結構，麵包伸展不易體積不理想。

7. 含蛋量高的麵糰攪拌時間延長，而使攪拌後溫度易升高，因此水溫應相對降低，攪拌速度減慢，以中速為宜。

8. 雞蛋及其相關產品所引起的食物中毒，主要是沙門氏桿菌所引起。

9. 雞蛋中含有溶菌酵素，可以殺死多種微生物，增長貯存時間。

10. 新鮮雞蛋 pH 值約為 7.6。雞蛋經貯藏後蛋白會釋出二氧化碳，使其 pH 值升高至 9～9.5，會使蛋白的黏度減少，降低起泡性。

11. 蛋以冷藏方式貯藏。

(四) 奶粉

1. 奶粉屬於韌性材料。

2. 奶粉可增強麵糰筋性耐攪拌性，由於奶粉中的乳糖不會成為酵母的營養源，保留在麵糰，烤焙時產生褐變反應，加深麵包外皮顏色。奶粉補充麵包營養成分、增加奶香味且具有保溼性，減緩成品水分減少。

3. 奶粉可增強麵糰筋性，增大 5%～10% 的麵包體積。奶粉原料成本比麵粉高，但是配方中添加奶粉，可增加麵糰吸水量，因此產量隨著增加，生產成本未必提高。

4. 麵包製作習慣使用脫脂奶粉，主要因為脫脂奶粉比全脂奶粉便宜，但是全脂奶粉風味較香，因此，如果成本在可以接受的範圍，可以嘗試以全脂奶粉製作麵包。為避免奶粉結塊，秤取奶粉後盡快將包裝袋密封，至於所秤取的奶粉，盡速與細砂糖乾拌，即可避免其吸潮而結塊。

5. 鮮奶一般成分中，水分約占 87.5%，固形物占 12.5%，因此精準比率應該是 7：1。但是烘焙業，為了方便計算法，習慣以水：奶粉＝9：1 的比率，還原成鮮奶的濃度。

6. 全脂奶粉成分中，奶油占 28.7%，乳糖占 36.9%。

7. 奶粉可緩衝麵糰發酵時產生的酸度，使發酵後所產生酸度變化減小。

8. 剛擠出來的生奶，製作麵包前需將生奶加熱到 85℃以破壞牛奶蛋白質所含之活潑性硫氫根（-HS）。

9. 麵包配方中奶粉使用量不宜超過 6%。

10. 奶粉以常溫方式貯藏即可，爲避免其吸溼而結塊，需以密閉狀態保存。

三、添加材料

(一) 麥芽精

麥芽精是熬煮發芽的大麥後，萃取出麥芽糖的濃縮精華，麥芽精的主要成分是麥芽糖，而且富含液化酵素（α-amylase），能將澱粉分解成麥芽糖。由於低糖酵母，含麥芽酵素能將麥芽糖分解成葡萄糖，然後進行發酵作用產生二氧化碳與酒精。

(二) 改良劑

1. 改良劑屬於韌性材料。

2. 改良劑含有氯化銨、磷酸銨、硫酸銨、碳酸鉀以及澱粉等成分，對麵糰具有調整作用，使麵包品質改善。

3. 改良劑作用：改善水的硬度、提供酵母營養成分並能安定及強化麵糰筋性組織。

4. 市面上最常見的改良劑爲：S-500 與 S-5000，一般硬式麵包（糖、油脂量 4% 以下）用 S-500；軟式麵包（糖、油脂量 4%～10%）或甜麵包（糖、油脂量 10% 以上）用 S-5000。

5. 改良劑以常溫方式貯藏即可。

(三) 乳化劑

1. 乳化劑屬於柔性材料。

2. 乳化劑在麵包製作上的功能：使麵包柔軟不易老化。

3. 乳化劑在麵糰攪拌時，增加水合能力，使成分更平均分布。

4. 乳化劑能調整麵糰筋性強度，增加麵糰的發酵耐力，使麵糰具有良好的脹力及烤焙彈性。

5. 乳化劑以 HLB 值（Hydrophilic Lipophilic Balance）表示乳化劑的親水基與親油基之平衡指標，其值範圍介於 0～20。HLB 數值愈小親油性愈強，數值愈大親水性愈強。例如：HLB 值 4～6，屬於水溶

於油型乳化劑（W/O, Water in Oil），水為分散相，油為連續相，亦即：油包水。產品：人造奶油；相對於高 HLB 值 8 ～ 18，屬於油溶於水型乳化劑（O/W, Oil in Water），油為分散相，水為連續相，亦即：水包油。產品：冰淇淋。

6. 乳化劑以常溫方式貯藏即可。

(四) 堅果類

堅果類包括：核桃、松子、榛果、花生、胡桃、杏仁……等。很適合搭配麵包製作，不但增加風味與口感，更讓麵包營養成分大大提升。堅果類特色是富含植物性油脂，而此油脂主要由不飽和脂肪酸所構成，很容易氧化，而產生油耗味。為了避免堅果類變質而影響到麵包品質，必須特別注意原料新鮮度與貯存環境。高溫及光照最容易造成油脂氧化，因此堅果類採購之後，應盡速冷藏或冷凍貯存。一般製作堅果麵包，堅果添加於麵糰前需先經過烤焙，堅果的香氣比較能散發出來，其烤焙條件為 150℃約 15 分鐘。

My recipes

麵包製程與包裝

CHAPTER 3

第一節　麵糰攪拌階段

　　適當的攪拌作用使麵糰筋性達到最佳的彈性和伸展性。麵糰攪拌時間的影響因素：水的量和溫度、水的酸鹼度（pH 值）、水中礦物質含量與室溫。製作麵包時，在所有條件不變之下，若將配方中麵糰加水量較正常情況減少5%（烘焙百分比），則：麵糰捲起時間比較快、捲起後至麵糰完成擴展之攪拌時間較長、最後發酵時間延長、最終麵包含水量較低。對於麵糰配方與攪拌時間的關係：柔性材料愈多，捲起時間愈長；韌性材料愈多，麵糰筋性擴展時間縮短。麵糰攪拌主要功能：

(一)加速麵粉吸水形成麵糰筋性：麵糰筋性的形成先決的條件受到麵粉顆粒水化作用速率之控制，攪拌作用能破壞麵粉表面的韌膜，使水分能充分潤溼麵粉中心與乾麵粉顆粒，加速麵糰筋性的形成。

(二)使配方中所有原料能混合均一：攪拌作用能使配方所有原料均勻分布在麵糰的每一個部分，使成為一個整體。

(三)擴展麵糰筋性：麵糰筋性是一種黏性的膠體，具有良好伸展性及彈性，能包住氣體，使麵包體積膨大，組織鬆軟。

　　麵糰攪拌區分為六個階段：

1. 拾起階段（blending stage）

將配方中乾性材料與溼性材料混合一齊，手摸觸麵糰粗糙而溼硬，無彈性和伸展性。

2. 捲起階段（pick-up stage）

麵糰中水分被麵粉顆粒均勻吸收，麵糰筋性開始形成，麵糰不再黏附攪拌缸邊和缸底，而捲附在攪拌上，稍會黏手。麵糰硬而缺乏彈性及伸展性，用手拉取麵糰容易斷裂。

3. 擴展階段（clean-up stage）

麵糰表面乾燥有光澤、有彈性、有伸展性，用手拉麵糰成薄膜時容易破裂，若薄膜破裂呈現鉅齒狀。一般固態油脂在此階段拌入，相對於液態油脂則一開始攪拌即拌入。麵糰攪拌到此階段，所烤焙的麵包，組織比較紮實。對於LEAN類麵包（低糖油成分配方）攪拌到此階段即可。

4. 完成階段（development stage）

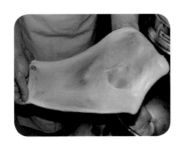

麵糰挺立而柔軟，表面細膩光滑，乾燥而不黏手，手拉麵糰成薄膜而不破裂，若薄膜破裂呈現平整狀，具良好彈性及伸展性。

麵糰攪拌到此階段，所烤焙的麵包，組織比較柔軟、細緻又有彈性。對於RICH類麵包（高糖油成分配方）需攪拌到此階段。

5. 攪拌過度（over mixing stage）

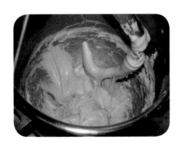

麵糰筋性開始斷裂，麵糰黏附於缸的邊側，不再隨攪拌鉤的轉動而離缸，失去良好的彈性，此時麵糰變成黏手而柔軟。

6. 麵糰筋性斷裂（gluten broken stage）

表面非常溼和黏手，攪拌鉤無法再將麵糰捲起，麵糰流向缸底呈流體狀。麵糰用手拉取時手掌中有一絲絲線狀透明膠體。

備註：
1. 所謂攪拌後鹽法，是指麵糰攪拌時，鹽在麵糰攪拌到擴展時才添加，可以縮短攪拌時間，其功能：促進麵糰筋性伸展、提前水合作用、加強麵糰筋性網狀結構。
2. 所謂自體分解法（Autolysis），是指麵粉加水攪拌成糰後，靜置約20分鐘，再開始攪拌，可以縮短攪拌機的攪拌時間，因此可以避免麵糰因攪拌太久而溫度太高。

第二節　麵包製作方法

　　麵包製作方法很多，最常見之方法包含直接法、中種法（隔夜冷藏中種法）、液種法、湯種法與天然種法等五種。其製程主要區分為：攪拌、基本發酵、翻麵、分割、滾圓、中間發酵、整形、最後發酵、烤焙、出爐等階段。為讓讀者明瞭其各麵包製作方法中製程差異，特別整理成圖一～圖四說明。其中圖一為中種法與直接法之比較，圖二為液種法與直接法之比較，圖三為湯種法與直接法之比較，圖四為天然種法與直接法之比較。熟悉基本麵包製作方法之後，還可以將兩種或三種方法進行合併，將會發現製作麵包有趣的組合與令人想像不到的驚喜。

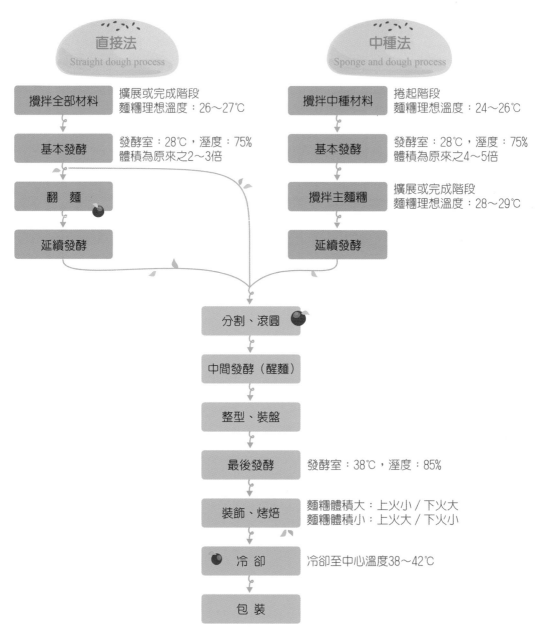

圖一　中種法與直接法製作流程圖

備註：
1. 中種法與直接法製程特色比較：中種法發酵耐性比較好，直接法攪拌耐性比較好。
2. 中種法與直接法成品比較：中種法發酵味道比較好且體積大、組織比較細緻柔軟、老化較慢。

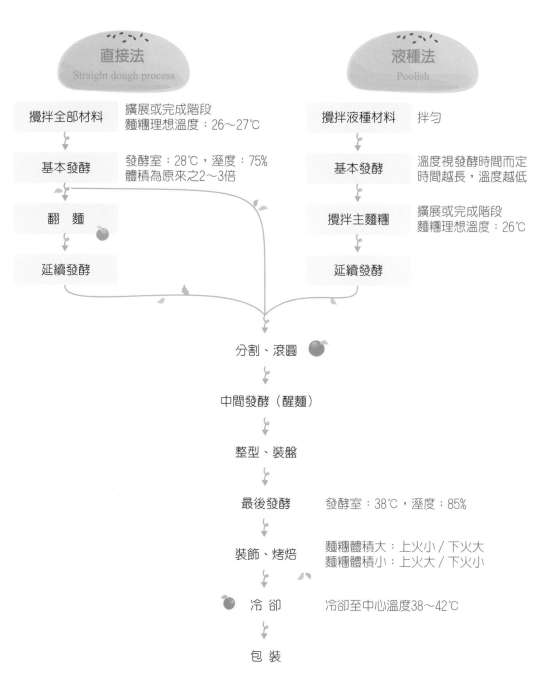

直接法 Straight dough process		液種法 Poolish	
攪拌全部材料	擴展或完成階段 麵糰理想溫度：26～27℃	攪拌液種材料	拌勻
基本發酵	發酵室：28℃，溼度：75% 體積為原來之2～3倍	基本發酵	溫度視發酵時間而定 時間越長，溫度越低
翻　麵		攪拌主麵糰	擴展或完成階段 麵糰理想溫度：26℃
延續發酵		延續發酵	

分割、滾圓

中間發酵（醒麵）

整型、裝盤

最後發酵　　發酵室：38℃，溼度：85%

裝飾、烤焙　　麵糰體積大：上火小／下火大
麵糰體積小：上火大／下火小

冷　卻　　冷卻至中心溫度38～42℃

包　裝

圖二　液種法與直接法製作流程圖

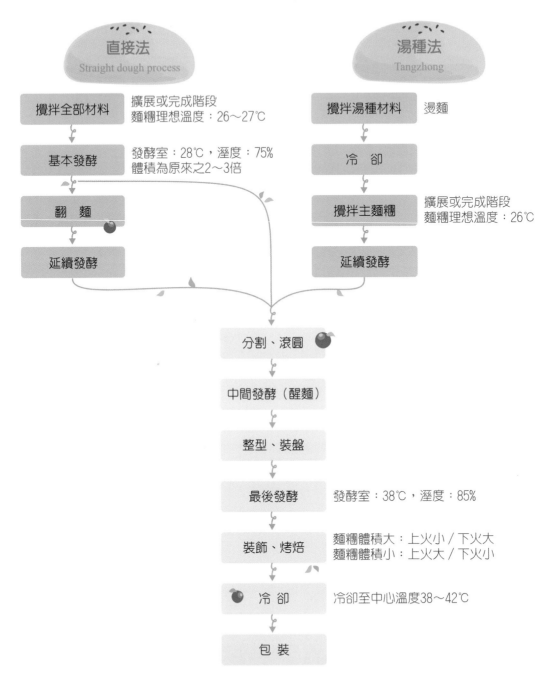

圖三　湯種法與直接法製作流程圖

備註：

1. 湯種法與直接法成品特色比較：湯種法製作的產品組織比較柔軟，老化比較慢。

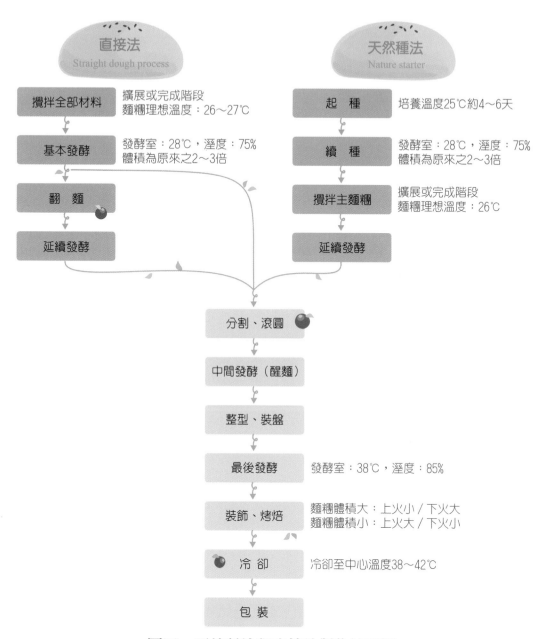

圖四　天然種法與直接法製作流程圖

直接法
Straight dough process

攪拌全部材料	擴展或完成階段 麵糰理想溫度：26～27℃
基本發酵	發酵室：28℃，溼度：75% 體積為原來之2～3倍
翻　麵	
延續發酵	

天然種法
Nature starter

起　種	培養溫度25℃約4～6天
續　種	發酵室：28℃，溼度：75% 體積為原來之2～3倍
攪拌主麵糰	擴展或完成階段 麵糰理想溫度：26℃
延續發酵	

分割、滾圓	
中間發酵（醒麵）	
整型、裝盤	
最後發酵	發酵室：38℃，溼度：85%
裝飾、烤焙	麵糰體積大：上火小／下火大 麵糰體積小：上火大／下火小
冷　卻	冷卻至中心溫度38～42℃
包　裝	

備註：
1. 天然種所培養的複合酵母，其微生物包括：野生酵母、乳酸菌、醋酸菌。
2. 天然種其特色：延緩老化、增加組織保溼性、麵包風味、產品咬感。

第三節　天然酵母培養方法

　　所謂天然酵母麵包，即取自大自然的酵母加以培養所製成麵包。環境中所有微生物，除了酵母菌、乳酸菌、醋酸菌等之外還有很多害菌，在培養初期所有微生物皆存在於培養基中，溫度將決定哪種微生物成為優勢菌的關鍵，一般而言，溫度控制在 25℃ 左右，將有利於酵母菌、乳酸菌與醋酸菌生長，當此微生物生長時將產生酸，而此酸產生之後，會抑制害菌生長，當酸鹼值 pH 達 3.7 ～ 4.1 時，酵母菌、乳酸菌與醋酸菌即成為優勢菌群，當此優勢菌培養成功，即為天然種酵母。歐式麵包大多數是利用天然種酵母的酸麵糰（sourdough）來製作麵包，而酸麵糰名稱因材料上的不同或是國家製作方法不同而有所區分，但指的皆為酸麵糰。以下就針對不同的食材所培養出來的天然酵母種類以及依國家製作方法而命名的酸麵糰名稱介紹：

一、天然酵母的種類

　　天然酵母的種類依材料上可分為果實種及穀物種，其中的穀物種又包含了酒種、酸種、啤酒花種，內容介紹如下：

(一) 果實種

利用新鮮水果或是乾燥水果所發酵而成的天然酵母，這裡的新鮮水果指的是凡是能發酵成酒的新鮮水果，除了具有麵糰筋性分解酵素，例如：鳳梨、木瓜、哈蜜瓜等水果之外，皆可用來製作，而乾燥水果較不受季節上的限制。利用附著在果皮表面之微生物，來分解果實中的糖分，促進酵母活動，在培養過程要保持在固定的溫度，溫度一旦過高，就會產生雜菌，造成酸敗。

(二) 酒種

主要由麴菌及酒酵母發酵製成，培養過程與酵母相近，將小麥或米加入米麴菌及水，經過澱粉轉化成糖成而為酒酵母的營養來源，使麴菌和酒酵母發酵，培養出酒種，利用酒種所製成的麵包會釋放出甜酒般的甜味和香氣，因此在甜麵包的製作上常被使用，由於酒種發酵力較弱，通常會搭配商業酵母使用，來改善麵包膨脹的問題，但添加過多會影響到酒種特殊的甜味及香氣，若想要使酒種能充分展現出獨特的風味，必須要

有足夠的時間讓酒種發酵，且儘量只使用酒種酵母。

(三) 酸種

酸種就是將裸麥粉或小麥粉加水混合後，利用附著在粉本身的微生物來進行發酵，在發酵過程會產生特有的香味及酸味，而有機酸具有抑制雜菌生長以及防止麵包產品老化。

(四) 啤酒花種

啤酒花種是使用受粉前的啤酒花加以發酵培養而成，此酵母對於分解穀類以及芋頭類、馬鈴薯的碳水化合物有相當好的分解能力，因此對於製作這幾種麵包的膨脹效果較佳，對於少油、少糖的麵包也很適合使用啤酒花種製作健康需求的產品。

二、製作方法的種類

不同國家製作酸麵糰的方式也不盡相同，目前常見的方法有義大利所使用的 BIGA，法國所使用的 POOLISH、LEVAIN，而差異性在於發酵時間、溫度，以及水、麵粉、新鮮酵母的比例有所不同，以下爲這幾種酸麵糰的介紹：

(一) BIGA

義大利的著名的 Ciabatta 拖鞋麵包就是用 BIGA 麵種所製成的。其培養的材料有小麥麵粉、水及少量的市售的新鮮酵母，發酵溫度爲 $18°C$～$20°C$，時間爲 16～18 小時，因培養時間較短，所以乳酸產量較少，pH 值高，酸度較低，因此麵包體積較大，組織軟柔，但香味較不理想。

(二) POOLISH

POOLISH 通常應用在製作法國麵包上，使用等量的小麥麵粉及水，酵母量依據發酵時間而定，時間愈短，酵母添加量愈多，其酵母量和發酵時間比例爲，2.5%（2 小時）、1.5%（3 小時）、0.5%（8 小時）、0.15%（12～16 小時），而香味會隨著麵糰中乳酸菌及酵母菌的組成，依發酵時間、酵母添加量的不同而異。

(三) LEVAIN

LEVAIN 通常又稱爲魯邦種，指以裸麥粉所培養的酸麵糰，統稱爲LEVAIN。

　　目前業界最廣泛使用的為果實種中的葡萄乾種與酸種，所製作之麵包品質已普遍受到肯定。在此針對葡萄乾種與酸種分別介紹其培養方法：

一、葡萄乾種

　　葡萄種起種培養過程：首先將培養天然種所需用到的所有器具，用熱水燙過殺菌，並將自來水煮開後冷卻備用，依照葡萄種起種配方秤取重量，培養罐蓋上蓋子，留一小隙縫以便排氣，或用保鮮膜密封後，在上面用針紮幾個小洞，置於 25℃ 環境培養 5 天（120 小時）即可使用，在培養期間，每天需搖晃培養罐一次，並掀起蓋子讓新鮮空氣進入後再蓋上蓋子。培養 5 天後搖晃培養液，將可發現氣泡產生，打開蓋子可以聞到酒精味及葡萄乾香味。判斷是否培養成功判斷方法，以下列四點為基本檢測要項：

1. 酸鹼度（pH）→ 4.7 以下（一般麵種 pH：3.7 ～ 4.1）。

　　　　　　　　　　　　（pH4.7 以下有害的微生物已消滅殆盡）

2. 視覺→可以產氣；液種時如奶昔狀；無暗灰色。

3. 嗅覺→具酒精味、葡萄乾香味、無霉味或腐臭味。

4. 味覺→無作嘔味（如果視覺、嗅覺不佳就不必嚐）。

葡萄種起種（葡萄菌水）		
材料	%	重量
無油葡萄乾	40	250
糖	20	125
冷開水	100	625
合計	160	1000

　　葡萄乾續種培養過程：依葡萄乾續種麵糰 (一) 或麵糊 (二) 配方比率將材料攪拌均勻後，置於 25℃ 發酵 16 ～ 18 小時即可。

葡萄乾續種(一)		
材料	%	重量
葡萄菌水	33	202
高筋麵粉	100	613
水	30	184
合計	163	1000

葡萄乾續種(二)		
材料	%	重量
葡萄菌水	100	500
高筋麵粉	100	500
合計	200	1000

二、酸種

酸種起種培養過程與葡萄種類似：首先將培養酸種所需用到的所有器具，用熱水燙過殺菌，並將自來水煮開後冷卻備用，依照酸種起種配方秤取重量，培養罐蓋上蓋子，留一小隙縫以便排氣，或用保鮮膜密封後，在上面用針紮幾個小洞，置於 25℃ 環境培養 4 天即可使用。

酸種起種配方					
日期	時間	材料			
		前天麵種	全麥粉或裸麥粉	高筋麵粉	冷開水
Day 1	24小時		10	100	100
Day 2	24小時	50		100	100
Day 3	24小時	50		100	100
Day 4	12小時	50		100	100
Day 4	6小時	50		100	100

三、葡萄乾種結合酸種

葡萄乾種結合酸種培養過程：主要是葡萄乾起種培養完成後，再將此葡萄菌水培養酸種，其配方如下表所示：

日期	時間	材料			
		前天麵種	葡萄菌種	高筋麵粉	冷開水
Day 1	24/小時		50	50	
Day 2	24/小時	100		100	100
Day 3	24/小時	100		100	100
Day 4	12/小時	100		100	100
Day 4	12/小時	100		100	100
Day 5	12/小時	100		100	100
Day 5	3/小時	300		300	150

葡萄乾種結合酸種

麵包製程中天然酵母比商業酵母費時、費力、原料成本也增加，但是天然酵母種具有：延緩老化、增加組織保溼性、麵包風味、產品咬感等優點，因此具有實用價值。

葡萄種起種培養，從開始到培養完成過程照片：

開始培養照片　　　　　培養第1天照片　　　　　培養第2天照片

培養第3天照片　　　　　培養第4天照片　　　　　培養第5天照片

第四節　麵包整型技巧

一、滾圓（Rounding）

　　主要防止酵母產生的氣泡外洩，增進內部組織顆粒的細緻，使之具有一層光滑的外皮，如此烤焙出來的麵包也較美觀光滑。首先將小麵糰置於手掌虎口下，手指內彎成弧狀圈住麵糰輕輕搓動，其要訣是手心不使力，僅與桌面接觸之手指產生摩擦力，促使麵糰表面光滑。但是需注意滾圓太多次，表皮將破裂而粗糙。

二、包餡（Encrusting）

　　先將麵糰滾一下，然後壓平及拍掉大氣泡，手指成圓弧狀托住麵糰，放入餡，將餡壓入麵糰時，順勢將麵糰收口，運用食指和拇指拉起周圍麵糰，前後左右捏緊封口。包餡匙最好隨時保持乾淨，比較容易操作，成品較不易漏餡。

三、擀麵（Stretching by rolling）

　　擀麵就是手持擀麵棍施力將麵糰壓平，首先須將麵糰整形長條狀，將有助於擀麵，擀麵棍首先由麵糰中心落下，先向內擀動，再往外推動，如此前後反覆擀麵。必須注意力道均勻，且不要擀破表皮。

四、捲（Rolling up）

麵糰擀成扁平長條狀後，翻面，兩手指尖靠攏捲起麵糰，平行的往內壓動，使之捲成圓筒狀。收尾前必須注意麵糰之形狀，若形成圓弧狀，要將其拉成長方形，以利於收尾接縫成一字形，其所捲成圓筒狀麵糰，形狀粗細較均勻。

五、擠（Squeezing）

麵糰擀成扁平長條狀後，翻面，兩手指尖靠攏置於麵糰兩端，由兩端向內擠捲，主要使麵糰兩端受力而中間不受力，收尾後再搓一下，使成橄欖形。

第五節　麵包品質判斷標準

雖然麵包品質判斷很主觀，判斷結果並非絕對。但是，典型的麵包品質判斷評分分配原則，不僅為一般烘焙業共同使用之標準，同時也可以反應消費者喜歡程度。一般對於麵包品質判斷區分為外觀、內部組織及口感，其分數分配為：外觀占 30 分，內部占 35 分，風味與口感占 35 分。典型的麵包品質詳細判斷評分分配如表五所示。說明如下：

表五　典型的麵包品質判斷評分分配	
評分項目	分數分配
體積	15
顏色	5
外觀對稱性	5
烤焙均勻性	5
組織	15
內部色澤	10
顆粒	10
風味	15
口感	20
合計	100

（Pyler, 1988）

一、體積

太大或太小都不好，體積太大則內部多孔洞組織鬆軟；體積太小，顆粒粗糙組織緊密。

一般體積大小的表達方式，皆以比體積（Specific Volume）表示，此比體積即為麵包體積除以麵包重量。不帶蓋白土司的最佳的比體積為：5.6～6.0。

二、顏色

金黃色，頂部較深，四邊較淺；如果不均勻、太淺、有皺紋、太深、有斑點皆不佳。

三、外表對稱性

外型對稱，無凹凸不平現象；如果中間低、一邊低、兩邊低、一邊高、不對稱、邊有皺褶、頂部過於平坦皆不佳。

四、烤焙均勻性

指麵包全體顏色而言；如果四邊顏色太淺、四邊顏色太深、底部顏色太深、有斑點皆不佳。

五、組織

表皮應薄而柔軟，土司內部組織應具絲樣感；如果表皮太厚、粗糙、太硬、太脆皆不佳。

六、內部色澤

潔白或乳白色並有絲樣光澤；如果色澤不鮮豔、顏色太深皆不佳。

七、顆粒

顆粒大小應一致；如果粗糙、有氣孔、紋理不均勻皆不佳。

八、風味

外部應散發焦香味，內部應散發發酵香味；如果酸味太重、乏味、腐味、其他怪味皆不佳。

九、口感

　　柔軟而具韌性，不黏牙，鹹甜適中；如果黏牙、味道太淡、太鹹、太酸、其他怪味道皆不佳。

資料參考：

Pyler, E. J., 1988.Physical and Chemical Test Methods. in Baking Science and Technology. Sosland Publishing Company. 3rd edition.pp.902-910.

第六節　造成麵包品質異常之原因

　　造成品質異常原因，除了原料品質、配方設計外，就是製作程序出了問題，在此針對一般最常出現問題的製程，精簡的分享經驗，從攪拌、基本發酵、最後發酵、烤焙到成品，發生品質異常可能原因如下：

一、攪拌

　　攪拌過度的麵糰：表面溼而黏手。

二、基本發酵

1. 圓頂土司基本發酵不足，出爐後則兩頭低垂。
2. 基本發酵不足的麵包外表顏色：紅褐色。
3. 基本發酵時間超過標準時，進爐後缺乏烤焙彈性，麵包表皮顏色呈蒼白，體積較小。
4. 基本發酵時間低於標準時，麵糰整形後烤盤流性極佳，四角及邊緣尖銳整齊。

三、最後發酵

1. 麵包最後發酵不足，內部則組織顆粒粗糙。
2. 最後發酵溼度太大，麵包表皮有小氣泡。
3. 影響法國麵包品質最大的因素是：發酵
4. 土司麵包最後發酵不足，重量較一般正常麵包重。

四、烤焙

1. 葡萄乾麵包因葡萄乾含多量的果糖，為使表皮不致烤黑應用中溫（180℃～200℃）烤焙。
2. 丹麥麵包烤焙時會漏油，可能原因：最後發酵室溫度太高、操作室溫度太高、裹油及摺疊操作不當。

五、成品

1. 麵包表皮顏色太深，可能原因：糖量太多、最後發酵溼度太高。
2. 麵包表皮顏色太淺，可能原因：糖量太少、發酵過度、爐溫太低。
3. 導致土司麵包體積較小可能原因：麵粉筋度過強或過低、麵糰溫度太低，發酵不足、攪拌不足，造成麵糰筋性未擴展，保氣力不足、酵母超過保存期限。
4. 以中種法製作土司麵包，成品內部有大孔洞，可能原因：中種麵糰溫度太高、延續發酵時間太長、改良劑用量太多。
5. 導致奶酥餡麵包內餡與麵糰分開可能原因：麵糰太硬、餡太軟、基本發酵過度。
6. 導致甜麵包底部裂開的可能原因：麵糰太硬、改良劑用量過多、麵糰溫度太高。
7. 導致甜麵包表面產生皺紋的可能原因：麵粉筋性太強、最後發酵時間太久、攪拌過度、酵母用量太多。
8. 導致丹麥麵包烤焙不容易著色的可能原因：手粉使用過量、冷凍保存時間太久、裹油及摺疊操作不當。

第七節　烘焙食品之包裝材料

　　烘焙食品之包裝材料最常見包括：聚乙烯（PE）、高密度聚乙烯、聚丙烯（PP）、結晶化聚丙烯（CPP）、聚氯乙烯（PVC）、鋁箔、鋁箔積層等。在此精簡介紹其特色，以方便讀者選購包裝材料之參考。

一、聚乙烯（PE）：延展性最好，但是其延展性不適合食品自動機械包裝

機自動操作；積層包裝材料的熱封性常來自聚乙烯（PE）；具有黏著性耐低溫，但很難直接印刷的包裝材料。容易熱封，耐低溫的包裝材料。在包裝上使用很廣的材質，透溼性低的包材。

二、高密度聚乙烯：可耐 120℃殺菌處理。

三、聚丙烯（PP）：耐熱性高，耐 120℃殺菌處理的包裝材料，但在低溫下會有脆化現象；適合麵包高速包裝機使用的包材。

四、結晶化聚丙烯（CPP）：一般蛋糕、麵包機械包裝最常用的包裝材料。

五、聚氯乙烯（PVC）：一般市售甜麵包不宜使用聚氯乙烯（PVC）材質包裝袋。撕裂強度範圍最大的包材。

六、鋁箔：本身無法加熱封密，必須在其表面塗布可熱封性的材料，如：聚乙烯（PE）；鋁箔是包材中透氣性最小，不能以微波烤箱加熱的包裝材料，也是耐熱性最佳的包材。

七、鋁箔積層：餅乾類食品為了長期保存，最好的包裝材料是鋁箔積層；鋁箔積層是耐腐蝕性，隔絕性佳的包材。為了適應包裝需要，包裝材料常需做積層加工，例如：KOP/AL/PE 其所代表的是三層的積層材料。鋁箔積層是殺菌軟袋（retort pouch）最好的包裝材料。要久存的食品包材要選用：鋁箔膠膜積層。鋁箔膠膜積層是很好包裝材料，因為其透溼度低，也是香氣保存性最佳、最適合高油產品的包材。

八、尼龍積層：可用於蒸煮食品時使用。

九、鋁箔／聚乙烯（PE）：具有很好的遮光性及防水功能。

十、聚酯（PET）：耐溫範圍最大的包材是聚酯（PET），也是印刷最佳的包裝材料。

十一、發泡聚苯乙烯（PS）（Poly styrene）：保麗龍是發泡聚苯乙烯（PS），使用於冰品生日蛋糕，燃燒時最易產生濃煙。

十二、泡沫塑膠：適合包裝冰淇淋、鮮奶油蛋糕，是最適合保溫的包材。

十三、透明玻璃：不適合奶粉包裝。

十四、脫氧劑：烘焙食品包裝使用脫氧劑時，需選用氧氣透過濾低的包裝質材，如：聚偏二氯乙烯塗布延展性聚丙烯／聚乙烯（KOP/PE），即氧氣透過率不得超過 20（CC/ 每平方公尺、1 氣壓、24 小時）。為了

減少烘焙食品受空氣的影響，常於包裝時利用脫氧劑；脫氧劑包裝主要是抑制黴菌。

十五、依據為衛生署制定的食品器具、容器、包裝衛生、塑膠類材料材質的重金屬鉛、鎘含量合格標準為 10ppm 以下。

十六、食品經過良好包裝，可防止生物性、化學性、物理性變質。

十七、充氣包裝中有抑菌效果的氣體是二氧化碳。

十八、食品包裝紙印刷油墨的溶劑材採用甲苯。

十九、一般認為最不易造成公害的包裝材料：紙。

二十、塑膠包裝材料常有毒性，這毒性通常來自添加劑、色料。

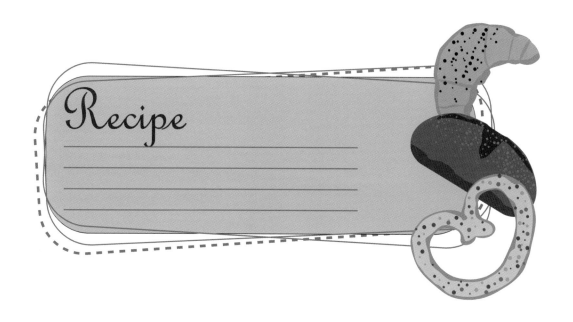

Recipe

My recipes

烘焙計算 CHAPTER 4

烘焙計算不管是對麵包初學者或是經營管理者，對於生產麵包都是非常重要之技巧與觀念。在此區分八個章節，分別介紹烘焙計算。熟悉烘焙計算，將能精準控制原料用量與成品品質。

第一節　烘焙百分比與實際百分比換算

烘焙百分比是烘焙從業人員，溝通產品配方中的原料比率表達方式，因為它可以直接反應出產品特性。例如：麵包師傅們討論麵包配方時，提到原料中鹽的比率，如果是 1% 時，感覺成品鹹度很正常，如果是 2% 時，覺得成品稍鹹，如果是 3% 的鹽，成品就太鹹了！憑直覺即可認為配方一定有問題。因此烘焙從業人員對原料的烘焙百分比相當敏感，能從烘焙百分比感受到成品特性。

有心想從事烘焙業的人，沒有理由不精通此計算方式。至於烘焙百分比是如何產生？應先從比率談起，比率有何重要性？舉例說明：若某配方中添加 1000 克鹽，會太鹹還是太淡？無法回答。而若另一個配方中，添加 2 克鹽會太鹹還是太淡？答案還是無法回答。這是因為必須視添加在配方總量之多寡而異。如果 1000 克鹽，添加在 2 噸的總量配方中，當然太淡了，因為才占總量的 0.05%，簡直一點味道都沒有！如果 2 克鹽，添加在 20 克的總量配方中，當然太鹹了，因為占了總量的 10%，簡直鹹到無法入喉！因此，沒有比率就無法感受到產品特性！

至於比率，一般產業習慣用的是：實際百分比，而烘焙業之習慣用法為：烘焙百分比，分別介紹如下：

一、實際百分比

是指每一種材料占總材料多少百分比，亦即所有材料百分比總計為 100%。但是實際百分比在烘焙配方設計上有不方便之處：當配方中修改某一種材料比率時，則其他材料必須跟著變動。例如：麵包原配方，其配方合計為 100%。現有發現產品太甜，想降低糖量，就直接將糖量降低，結果發現配方總計已經不是 100% 了，亦即不是實際百分比了，為了符合總計 100%，必須更改其他所有比率。

二、烘焙百分的誕生

　　不規定總原料合計必須 100%，而改以某種材料當 100 時，當某一材料比率修改時只會影響到合計而已，不會影響到其他材料的比率。因為麵粉在烘焙材料中出現頻率最大，而且經常扮演主原料角色，因此就推舉麵粉當 100。以麵粉固定為 100，意味著其他材料用量，相對於麵粉的比率調整。當配方中修改某一種材料比率時，則其他材料不會跟著變動！只有合計總量產生變化而已！烘焙百分比與實際百分比對照表如表六所示：

表六 烘焙百分比與實際百分比對照表		
材料	實際百分比	烘焙百分比
高筋麵粉	42.7	85
低筋麵粉	7.5	15
細砂糖	10.1	20
鹽	0.5	1
冰水	26.1	52
蛋	5.0	10
即溶酵母	0.5	1
奶粉	2.0	4
改良劑	0.5	1
酥油	5.0	10
合計	100.0	199

　　實際百分比，所有材料比率總合為 100 %；烘焙百分比，麵粉固定為 100 %。

範例 1.　已知實際百分比麵粉為 20%，白油為 10%，則白油的烘焙百分比為多少？

　　解：烘焙百分比中麵粉為 100%，而此麵粉在實際百分比為 20%，因此
　　　　$100 \div 20 = 5$

再將倍數乘以白油的實際百分比，即可求得白油的烘焙百分比：

10%×5 = 50%

答：50%。

第二節　已知每個麵糰的重量及數量，求原料用量及成本

已知每個麵糰的重量及製作數量，求材料用量與原料成本，計算方法從實際範例說明如下：

範例 1.　已知每個麵糰重 60 克，今欲製作 18 個，而且操作損耗 5%，其每種材料所需重量與原料成本為多少？

材料	烘焙百分比	重量（公克）	單價（元/公斤）	合計成本
高筋麵粉	85		13.6	
低筋麵粉	15		12.7	
細砂糖	20		22.0	
鹽	1		15.0	
冰水	52		0.0	
蛋	10		18.3	
即溶酵母	1		50.0	
奶粉	4		88.3	
改良劑	1		200.0	
酥油	10		72.7	
合計	199			

計算方法

一、理論麵糰重量 = 產品數量 × 每個麵糰重

　　　　　　　　= 　18　×　60　= 1080

二、實際麵糰重（考慮 5% 損耗）= 理論總重 / (1−5%) = 理論總重 / (1−0.05)

　　　　　　　　　　　　　　　= 理論總重 / 0.95

$$= 1080 / 0.95 = 1137$$

已知損耗百分比，反推原先重量，用總重除以（1 - 損耗百分比），而非以總重乘以（1 + 損耗百分比），因為其意義不同，雖然在損耗少時，計算結果很相近，但是損耗多時，差異就很大了，因此一定要清楚其差異。計算結果產生差異主要來自基準數認知的不同。在此舉例說明，也許更清楚基準數的重要性。有一麵糰從一開始製作到完成會有 20% 損耗，現在所有材料一開始總重是 100 公斤，此時基準數為 100 公斤，成品的重量應該是 100 公斤 ×（1 - 20%）= 80 公斤，在此順推重量時，以基準數乘（1 - 損耗百分比），相信大家一定覺得是理所當然的算數；如今用另外方式問問題，已知：成品重是 80 公斤，請問反推一開始製作稱材料時要秤多少量？相信大家一定同意 80 公斤除（1 - 損耗百分比），因為等號的左邊移到等號右邊，乘號就變成除號了。如果在此時，我們用基準數乘以（1 + 損耗百分比）當作答案的話，差異就大了，以此例結果為：80 公斤 ×（1 + 20%）= 96 公斤，此時基準數為 80 公斤，結果與標準答案的 100 公斤就有差異了，此差異來自基準數。因此再強調一次：計算式之順推用乘號；反推其基準數用除號。

三、算出烘焙百分比與材料重量之烘焙係數：實際麵糰重 / 烘焙百分比合計 1137 / 199 = 5.71（為減少誤差，強烈建議算到小數點第三位，然後四捨五入取小數點後兩位）。

四、各材料重量 = 各材料烘焙百分比 × 烘焙係數

例：高筋麵粉稱重：85 × 5.71 = 486 （其他材料重量算法依此類推）。

五、各材料成本計算 = 各材料用量 × 各材料單價（注意：單位需一致，例如公斤計價）

例：高筋麵粉：486 ÷ 1000 × 13.6 = 6.62

在實際應用時必須注意所有材料的單位，如果其他的單位售價，一定要先算成以公斤計價，不管是袋、包、桶、瓶或是磅等，要先算出每公斤多少錢。接下來，就是要注意材料的用量，如果以公克計量的話，就先除以 1000 轉換成公斤。

六、成品成本計算 = 各材料成本總合（6.62 + 1.09 + ……… + 4.15）= 18.96

此結果是製作全部之原料總成本，如果要計算單產品之原料成本，就將此金額除以製作數量，以此題為例，由於製作 18 個的成本是 18.96，因此每個的原料成本是：18.96÷18 = 1.05。

此範例各材料用量與原料成本計算如表七所示：

表七	烘焙百分比各材料重量及成本計算表			
材料	烘焙百分比	重量（公克）	單價（元/公斤）	合計成本
高筋麵粉	85	486	13.6	6.62
低筋麵粉	15	86	12.7	1.09
細砂糖	20	114	22.0	2.51
鹽	1	6	15.0	0.09
冰水	52	297	0.0	0.00
蛋	10	57	18.3	1.04
即溶酵母	1	6	50.0	0.29
奶粉	4	23	88.3	2.02
改良劑	1	6	200.0	1.14
酥油	10	57	72.7	4.15
合計	199	1137		18.96

烘焙計算練習題

| 表八 | 已知烘焙百分比、麵糰重量、損耗%及製作數量求各材料用量 |

甜麵包麵糰每個重60克，操作損耗5%

材料	百分比	18個	20個	24個
高筋麵粉	85			
低筋麵粉	15			
糖	20			
鹽	1			
冰水	52			
全蛋	10			
即溶酵母	1			
奶粉	4			
乳化劑	1			
酥油	10			
合計	199			

餐包麵糰每個重40克，操作損耗5%

材料	百分比	24個	28個	32個
高筋麵粉	85			
低筋麵粉	15			
糖	16			
鹽	1			
冰水	52			
全蛋	10			
即溶酵母	1			
奶粉	4			
乳化劑	1			
酥油	8			
合計	193			

圓頂土司麵糰每條重560克，操作損耗5%

材料	百分比	3條	4條	5條
高筋麵粉	100			
糖	12			
鹽	1			
冰水	48			
全蛋	15			
即溶酵母	1			
奶粉	4			
乳化劑	1			
奶油	10			
合計	192			

山形白土司麵糰每條重900克，操作損耗5%

材料	百分比	2條	3條	4條
高筋麵粉	100			
糖	8			
鹽	1.5			
冰水	63			
即溶酵母	1			
奶粉	4			
乳化劑	1			
白油	8			
合計	186.5			

烘焙計算解答

表九	已知烘焙百分比、麵糰重量及數量求各材料用量之解答

甜麵包麵糰每個重60克，操作損耗5%

材料	百分比	18個	20個	24個
高筋麵粉	85	486	540	647
低筋麵粉	15	86	95	114
糖	20	114	127	152
鹽	1	6	6	8
冰水	52	297	330	396
全蛋	10	57	63	76
即溶酵母	1	6	6	8
奶粉	4	23	25	30
乳化劑	1	6	6	8
酥油	10	57	63	76
合計	199	1137	1263	1516

餐包麵糰每個重40克，操作損耗5%

材料	百分比	24個	28個	32個
高筋麵粉	85	445	519	593
低筋麵粉	15	79	92	105
糖	16	84	98	112
鹽	1	5	6	7
冰水	52	272	318	363
全蛋	10	52	61	70
即溶酵母	1	5	6	7
奶粉	4	21	24	28
乳化劑	1	5	6	7
酥油	8	42	49	56
合計	193	1011	1179	1347

圓頂土司麵糰每條重560克，操作損耗5%

材料	百分比	3條	4條	5條
高筋麵粉	100	921	1228	1535
糖	12	111	147	184
鹽	1	9	12	15
冰水	48	442	589	737
全蛋	15	138	184	230
即溶酵母	1	9	12	15
奶粉	4	37	49	61
乳化劑	1	9	12	15
奶油	10	92	123	154
合計	192	1768	2358	2947

山形白土司麵糰每條重900克，操作損耗5%

材料	百分比	2條	3條	4條
高筋麵粉	100	1016	1524	2032
糖	8	81	122	163
鹽	1.5	15	23	30
冰水	63	640	960	1280
即溶酵母	1	10	15	20
奶粉	4	41	61	81
乳化劑	1	10	15	20
白油	8	81	122	163
合計	186.5	1895	2842	3789

　　以上計算結果，以電腦之 Excel 軟體求得，精準又方便，強烈建議讀者熟悉此軟體，對計算極大幫助。

練習題：

習題 1.　欲製作 900 公克的麵糰之土司 5 條，若以損耗 10% 計，則總麵糰需要多少？

　　解：900×5÷(100% − 10%) = 900×5÷0.9 = 5000（公克）

　　答：5000 公克。

習題 2.　已知烘焙總百分比為 200%，糖用量為 12%，則麵糰總量為 3000公克時，糖用量為多少？

　　解：烘焙係數：麵糰重量 ÷ 烘焙總百分比

　　　　　　　3000÷200 = 15

　　　　糖的用量乘烘焙係數即可求得糖的用量：12×15 = 180（公克）

　　答：180 公克。

習題 3.　欲生產 50 個酵母道納斯，每個麵糰重 50 公克，已知配方中麵粉係數為 0.625，則應準備多少麵粉？

　　解：麵粉係數為 0.625，代表烘焙百分比合計為 1 時麵粉為 0.625，

　　　　　因此烘焙百分比中麵粉為 100，烘焙百分比合計為：

　　　　　100/0.625 = 160

　　　　　麵糰用量為：50×50 = 2500

　　　　　烘焙係數為：2500/160 = 15.625

　　　　　因此麵粉用量為：100×15.625 = 1562.5（公克）

　　答：1562.5 公克。

第三節　已知每個麵包成品的重量及製作數量，求原料用量

　　麵包成品從秤料開始，必須經過操作到烤焙之階段，因此必須考量到操作損耗與烤焙損耗。依據經驗一般的麵糰，操作損耗為 5%；裹油類產品操

作損耗為 5% ～ 10%；用擠花袋製作之麵糊操作損耗為 15%。至於烤焙損耗是指烤焙過程，麵糰在烤箱中，水受熱變成水蒸氣揮發所產生的損耗，因此烤焙損耗與烤焙時間有關，為了方便記憶，簡單將產品分為四大類：一、短時間烤焙，二、長時間烤焙，三、裹油牛角麵包，四、法國麵包。短時間烤焙的烤焙損耗為 5%；長時間烤焙的烤焙損耗為 10%；裹油牛角麵包烤焙損耗為 15%；法國麵包烤焙損耗為 15% ～ 20%。一般而言，甜麵包烤焙時間約 12 至 20 分鐘，歸類為短時間烤焙；土司烤焙時間約 35 至 50 分鐘，歸類為長時間烤焙。

　　已知每個麵包成品的重量及製作數量，求原料用量之計算方法，我們以實際範例說明：

範例 1.　製作紅豆土司 4 條，每條成品重 450 克，從以下配方表十中，算出每項材料重量。

表十	已知紅豆土司配方烘焙百分比	
材料	百分比	重量
高筋麵粉	100	
糖	15	
鹽	1	
冰水	53	
全蛋	10	
即溶酵母	1.2	
奶粉	4	
改良劑	0.5	
奶油	8	
蜜紅豆	50	
合計	242.7	

計算說明

　　已知每個成品重 450 克，今欲製作 4 條，而且操作損耗 5%，烤焙損耗
10%，其每材料所需重量：

一、計算烤焙前之單一麵糰重：成品重量 / 烤焙損耗

$$= 450 / (1 - 10\%) = 450 / 0.9 = 500$$

二、計算秤料時單一麵糰用量：烤焙前麵糰重量 / 操作損耗

$$= 500 / (1 - 5\%) = 500 / 0.95 = 526$$

三、計算材料製作總量：單一麵糰重 × 製作總量 = 526 × 4 = 2104

三、算出烘焙百分比與材料重量之烘焙係數：實際麵糰重 / 烘焙百分比合計
2104 / 242.7 = 8.67

四、各材料重量 = 各材料烘焙百分比 × 烘焙係數

　　例：高筋麵粉稱重：100 × 8.67 = 867

　　其他材料重量算法與高筋麵粉一樣，將材料的烘焙百分比乘此烘焙係數
即可。答案如表十一所示：

表十一	材料	百分比	重量
	高筋麵粉	100	867
	糖	15	130
	鹽	1	9
	冰水	53	459
主麵糰	全蛋	10	87
	即溶酵母	1.2	10
	奶粉	4	35
	改良劑	0.5	4
	奶油	8	69
	蜜紅豆	50	433
	合計	242.7	2104

製作紅豆土司4條，每條成品重450克各材料所需重量

範例 2.　製作每個成品重 100 g（包奶酥餡）菠蘿甜麵包，數量：30 個。而且操作損耗 5%，烤焙損耗 5%，已知麵糰：奶酥餡：菠蘿麵糊為 2.5:1:1，配方如表十二，求各成分之材料用量。

表十二	菠蘿甜麵包配方之烘焙百分比	
材料	百分比	重量
麵糰：		
高筋麵粉	85	
低筋麵粉	15	
糖	20	
鹽	1	
冰水	52	
全蛋	10	
即溶酵母	1.2	
奶粉	4	
奶油	10	
合計	198.2	
奶酥餡：		
糖粉	60	
奶油	75	
蛋	20	
奶粉	100	
合計	255	
菠蘿皮：		
糖粉	43	
鹽	0.5	
奶油	22	
白油	22	
奶粉	5	

材料	百分比	重量
全蛋	28	
低筋麵粉	100	
合計	220.5	

計算說明

　　已知每個成品重 100 克，今欲製作 30 個，而且操作損耗 5%，烤焙損耗 5%，已知麵糰：奶酥餡：菠蘿麵糊爲 2.5:1:1，求其每材料所需重量：

一、烤焙前之單一麵糰重：成品重量 / 烤焙損耗 / 比率合計 × 所占比率
　　100/ (1 − 5%) /4.5×2.5 = 100/0.95/4.5×2.5 = 58
　　烤焙前之單一奶酥餡重：成品重量 / 烤焙損耗 / 比率合計 × 所占比率
　　100/(1 − 5%) /4.5×1 = 100/0.95/4.5×1 = 23
　　烤焙前之單一菠蘿麵糊重：成品重量 / 烤焙損耗 / 比率合計 × 所占比率
　　100/(1 − 5%) /4.5×1 = 100/0.95/4.5×2.5 = 23

二、秤料時單一麵糰用量：烤焙前麵糰重量 / 操作損耗
　　58/(1 − 5%) = 58/0.95 = 61.05
　　秤料時單一奶酥餡用量：烤焙前麵糰重量 / 操作損耗
　　23/(1 − 5%) = 23/0.95 = 24.21
　　秤料時單一菠蘿麵糊用量：烤焙前麵糰重量 / 操作損耗
　　23/(1 − 5%) = 23/0.95 = 24.21

三、材料製作麵糰總量：單一麵糰重 × 製作總量 = 61.05 × 30 = 1832
　　材料製作奶酥餡總量：單一奶酥餡重 × 製作總量 = 24.21 × 30 = 726
　　材料製作菠蘿麵糊總量：單一菠蘿麵糊重 × 製作總量 = 24.21×30 = 726

四、烘焙百分比與麵糰總量之烘焙係數：實際麵糰總量 / 烘焙百分比合計
　　1832 / 198.2 = 9.24
　　烘焙百分比與奶酥餡總量之烘焙係數：實際奶酥餡總量 / 烘焙百分比合計
　　726 / 255 = 2.85
　　烘焙百分比與菠蘿麵糊總量之烘焙係數：實際菠蘿麵糊總量 / 烘焙百分比合計

726 / 220.5 = 3.29

五、各材料重量 = 各材料烘焙百分比 × 烘焙係數

　例：高筋麵粉稱重：85 × 9.24 = 785

　其他材料重量算法與高筋麵粉一樣，將材料的烘焙百分比乘此烘焙係數即可。

　製作每個成品重 100 g（包奶酥餡）菠蘿甜麵包，數量 30 個，各材料重量如表十三所示：

表十三 菠蘿甜麵包成品重100 g，數量30個各材料重量		
材料	百分比	重量
麵糰：		
高筋麵粉	85	785
低筋麵粉	15	139
糖	20	185
鹽	1	9
冰水	52	481
全蛋	10	92
即溶酵母	1.2	11
奶粉	4	37
奶油	10	92
合計	198.2	1832
奶酥餡：		
糖粉	60	717
奶油	75	214
蛋	20	57
奶粉	100	285
合計	255	726
菠蘿皮：		
糖粉	43	142

材料	百分比	重量
鹽	0.5	2
奶油	22	72
白油	22	72
奶粉	5	16
全蛋	28	92
低筋麵粉	100	329
合計	220.5	726

範例 3. 製作每個成品重 110 g（包奶酥餡）墨西哥甜麵包，數量：30 個。而且麵糰與奶酥餡操作損耗 5%；墨西哥麵糊操作損耗 15%，烤焙損耗 5%，已知麵糰：奶酥餡：墨西哥麵糊為 2:1:1 。配方如表十四，求各成分之材料用量。

表十四 墨西哥甜麵包配方之烘焙百分比		
材料	百分比	重量
麵糰：		
高筋麵粉	85	
低筋麵粉	15	
糖	20	
鹽	1	
冰水	52	
全蛋	10	
即溶酵母	1.2	
奶粉	4	
奶油	10	
合計	198.2	

材料	百分比	重量
奶酥餡：		
糖粉	60	
奶油	75	
蛋	20	
奶粉	100	
合計	255	
墨西哥麵糊：		
糖粉	80	
鹽	1	
奶油	40	
白油	60	
蛋	70	
低筋麵粉	100	
合計	351	

計算說明

　　已知每個成品重 110 克，今欲製作 30 個，而且麵糰與奶酥餡操作損耗 5%；墨西哥麵糊操作損耗 15%，烤焙損耗 5%，已知麵糰：奶酥餡：墨西哥麵糊為 2:1:1，求其每材料所需重量：

一、烤焙前之單一麵糰重：成品重量 / 烤焙損耗 / 比率合計 × 所占比率

　　$110/(1 - 5\%)/4 \times 2 = 110/0.95/4 \times 2 = 58$

　　烤焙前之單一奶酥餡重：成品重量 / 烤焙損耗 / 比率合計 × 所占比率

　　$110/(1 - 5\%)/4 \times 1 = 110/0.95/4 \times 1 = 29$

　　烤焙前之單一墨西哥麵糊重：成品重量 / 烤焙損耗 / 比率合計 × 所占比率

　　$110/(1 - 5\%)/4 \times 1 = 110/0.95/4 \times 1 = 29$

二、秤料時單一麵糰用量：烤焙前麵糰重量 / 操作損耗

　　$58/(1 - 5\%) = 58/0.95 = 61.05$

　　秤料時單一奶酥餡用量：烤焙前麵糰重量 / 操作損耗

29/ (1 − 5%) = 29/0.95 = 30.53

秤料時單一墨西哥麵糊用量：烤焙前麵糰重量 / 操作損耗

29/ (1 − 15%) = 29/0.85 = 34.12

三、材料製作麵糰總量：單一麵糰重 × 製作總量 = 61.05 × 30 = 1832

材料製作奶酥餡總量：單一奶酥餡重 × 製作總量 = 30.53 × 30 = 916

材料製作墨西哥麵糊總量：單一墨西哥麵糊重 × 製作總量

34.12 × 30 = 1024

四、烘焙百分比與麵糰總量之烘焙係數：實際麵糰總量 / 烘焙百分比合計

1832 / 198.2 = 9.24

烘焙百分比與奶酥餡總量之烘焙係數：實際奶酥餡總量 / 烘焙百分比合計

916 / 255 = 3.59

烘焙百分比與墨西哥麵糊總量之烘焙係數：實際墨西哥麵糊總量 / 烘焙百分比合計

1024 / 351 = 2.92

五、各材料重量 = 各材料烘焙百分比 × 烘焙係數

例：高筋麵粉秤重：85 × 9.24 = 785

其他材料重量算法與高筋麵粉一樣，將材料的烘焙百分比乘此烘焙係數即可。

製作每個成品重 110 g（包奶酥餡） 墨西哥甜麵包，數量 30 個，各材料重量如表十五所示：

表十五	墨西哥甜麵包成品重110 g，數量30個各材料重量	
材料	百分比	重量
麵糰：		
高筋麵粉	85	785
低筋麵粉	15	139
糖	20	185
鹽	1	9

材料	百分比	重量
冰水	52	481
全蛋	10	92
即溶酵母	1.2	11
奶粉	4	37
奶油	10	92
合計	198.2	1832
奶酥餡：		
糖粉	60	215
奶油	75	269
蛋	20	72
奶粉	100	359
合計	255	916
墨西哥麵糊：		
糖粉	80	233
鹽	1	3
奶油	40	117
白油	60	175
蛋	70	204
低筋麵粉	100	292
合計	351	1024

第四節　麵包熱量計算

　　麵包也是一種主食，有些消費者對於熱量相當敏感，因此身為麵包師傅，必須懂得計算熱量。在配方設計時，除了考慮溼性材料、乾性材料、柔性材料與韌性材料外，也要考慮到熱量多寡，才能迎合消費大眾。至於熱量計算方法，其實只要記住：每公克油脂 9 大卡；每公克蛋白質或醣類（碳水

化合物）4 大卡即可。在此以實際範例，介紹其計算方法：

範例 1.　某一麵包種 90 公克，其每 100 公克之營養分析結果爲：蛋白質 8
　　　　公克、脂肪 12 公克、飽和脂肪 6 公克、碳水化合物 50 公克。(1)
　　　　則 100 公克麵包熱量爲多少大卡？ (2) 每個麵包熱量爲多少大卡？
　　　　(3) 若每人每日熱量攝取之基準值爲 2000 大卡，吃一個麵包配一瓶
　　　　熱量 184 大卡飲料，則熱量攝取占每日需求幾 %？ (4) 脂肪熱量
　　　　占麵包熱量幾 %？

　　解：(1)由於蛋白質與碳水化合物每克熱量爲 4 大卡，油脂每克熱量爲
　　　　　9 大卡
　　　　　因此，每 100 克麵包熱量爲：8×4 + 12×9 + 50×4 = 340 大卡
　　　　(2)由於麵包重 90 公克
　　　　　因此 340×90 /100 = 306 大卡
　　　　(3)（一個麵包 + 一瓶飲料）占 2000 之 %
　　　　　(306 + 184) /2000 = 24.5%
　　　　(4)脂肪占麵包熱量之 %。
　　　　　9×12 / 340 = 31.76%

第五節　麵包麵糰溫度計算

　　麵糰攪拌完成後，其溫度高低影響發酵速率甚大，麵糰溫度愈高，發酵
速度愈快。爲了讓麵包品質穩定，不管在炎熱的夏天或在寒冷的冬天，必須
熟悉麵糰溫度計算，才能控制每次攪拌完成的麵糰溫度一致。欲計算添加多
少冰量，首先須算出適用水溫，而算出適用水溫前，先求出機器摩擦增高溫
度。其公式如下所示：

一、機器摩擦增高溫度之計算

　　1. 直接法

　　　　機器摩擦增高溫度 =（攪拌後麵糰溫度 ×3）−（室溫 + 麵粉溫度 +

水溫）

  2. 中種法

中種麵糰機器摩擦增高溫度＝（攪拌後麵糰溫度 ×3）－（室溫＋麵粉溫度＋水溫）

主麵糰機器摩擦增高溫度＝（攪拌後麵糰溫度 ×4）－（室溫＋麵粉溫度＋水溫＋中種麵糰發酵後溫度）

二、適用水溫之計算

  1. 直接法

適用水溫＝（理想麵糰溫度 ×3）－（室溫＋麵粉溫度＋摩擦增高溫度）

  2. 中種法

中種麵糰適用水溫＝（理想麵糰溫度 ×3）－（室溫＋麵粉溫度＋摩擦增高溫度）

主麵糰適用水溫＝（理想麵糰溫度 ×4）－（室溫＋麵粉溫度＋摩擦增高溫度＋中種麵糰發酵後溫度）

我們現在從實際範例中，說明以上公式如何使用。

範例 1. 直接法麵糰理想溫度 26℃，室內溫度 28℃，麵粉溫度 27℃，機器摩擦增高溫度 20℃，其適用水溫為何？

解：適用水溫＝（理想麵糰溫度 ×3）－（室溫＋麵粉溫度＋摩擦增高溫度）

適用水溫＝$(26 \times 3) - (28 + 27 + 20) = 3℃$

三、應用冰量之計算

公式：

$$冰量 = \frac{配方中水的用量 \times （自來水溫 － 適用水溫）}{自來水溫 + 80}$$

公式說明：

熱量公式：$H = mS\Delta T$‧‧‧‧‧‧‧‧（H：熱量，m：質量，S：比熱；水的比熱：1，ΔT：溫度差）

冰的溶解熱 $= 80$ 卡／克

依據能量不滅：

冰的吸熱 $=$ 水的放熱

$80m_0 + m_0 T_1 = (m_1 - m_0) \times (T_2 - T_1)$‧‧‧‧‧‧‧‧（$m_1$：總水量，$m_0$：冰量，$T_2$：水原來溫度，$T_1$ 混合後之溫度）

$80m_0 + m_0 T_1 = m_1 T_2 - m_0 T_2 - m_1 T_1 + m_0 T_1$

$80m_0 = m_1 T_2 - m_0 T_2 - m_1 T_1$

$80m_0 + m_0 T_2 = m_1 T_2 - m_1 T_1$

$m_0 (80 + T_2) = m_1 (T_2 - T_1)$

$$冰量 = \frac{配方中水的用量 \times （水原來溫度 - 混合後之溫度）}{水原來溫度 + 80}$$

以上冰量之計算公式如何使用，我們亦從實際練習範例中說明：

範例 2. 以直接法製作麵包，已知水的用量 360 克，自來水溫度 20℃，適用水溫 5℃，其應用的冰量為多少？

解：$冰量 = \dfrac{360 \times (20 - 5)}{20 + 80} = 54$（克）

範例 3. 以直接法製作麵包，已知水的用量 640 克，自來水溫度 20℃，適用水溫 8℃，其應用的冰量為多少？

解：$冰量 = \dfrac{640 \times (20 - 8)}{20 + 80} = 76.8$（克）

範例 4. 主麵糰水量為 12 公斤，自來水溫度 20℃，適用水溫 5℃，其應用的水量為多少公斤？

解：$冰量 = \dfrac{12 \times (20 - 5)}{20 + 80} = 1.8$（公斤）

實際應用水量 = 配方中水的用量 − 冰量

12 − 1.8 = 10.2（公斤）

第六節　麵包原料成分計算

原料含水量直接影響到成本與品質，因此不管配方設計或是品質控制，須了解原料成分計算，例如：麵粉含水量 12% 或 13%，其實配方中水的添加水量是不同。還有以含水奶油取代無水奶油，其配方中奶油及水添加量也必須做調整，因此為了生產品質穩定產品，必須了解其原料成分計算。計算原料成分之前，須先了解何謂：固形物。所謂固形物就是原料中去掉水分之物質。如果用數學計算式表達就是：固形物 = 總重量 − 水分含量。

實際應用固形物觀念時機：麵粉在不同水分含量中蛋白質含量變化，麵粉在不同水分含量中吸水量變化，比較麵粉在不同水分含量中價格優劣，另外以含水奶油取代無水奶油等，皆以固形物觀念計算。計算時套上固形物與原料成分呈正比、固形物與麵粉總水量呈正比、從單位固形物中即可精準比較原料價格，在此以實際範例，解釋計算方法：

1. 某麵粉含水分 13%，蛋白質 12%，吸水率 63%，灰分 0.5%，則固形物百分比為？

    解：固形物 = 總重量 − 水分含量

    　　　固形物 = 100% − 13% = 87%

    答：87%。

2. 某麵粉含水分 13%，蛋白質 13.5%，吸水率 66%，經過一段時間貯存後，水分降至 10%，則其蛋白質含量變為？

    解：固形物與麵粉成分呈正比

    　　　設 10% 水分，蛋白質含量 X

    $$\frac{100\% - 13\%}{100\% - 10\%} = \frac{87\%}{90\%} = \frac{13.5}{X}$$

    　　　X = 13.97（%）

    答：13.97%。

3. 某麵粉含水分 12.5%，蛋白質 13%，吸水率 60%，灰分 0.48%，貯存一段時間後，水分降至 10%，則其吸水率爲？

   解：固形物與麵粉總水量呈正比

   設 10% 水分，吸水量爲 X

   $$\frac{100\%-12.5\%}{100\%-10\%}=\frac{87.5\%}{90\%}=\frac{(60+12.5)}{(X+10)}$$

   X = 64.6（%）

   答：64.6%。

4. 下列四種麵粉，哪一種最便宜？A 麵粉－含水 10.9%，每 100 公斤，價格爲 1180 元。B 麵粉－含水 11.5%，每 100 公斤，價格爲 1160 元。C 麵粉－含水 12.2%，每 100 公斤，價格爲 1140 元。D 麵粉－含水 13.0%，每 100 公斤，價格爲 1120 元。

   解：求單位固形物之價格即可比較出高下：

   A、1180/（100% － 10.9%）= 1180/（0.891）= 1324

   B、1160/（100% － 11.5%）= 1160/（0.885）= 1310

   C、1140/（100% － 12.2%）= 1140/（0.878）= 1344

   D、1120/（100% － 13.0%）= 1120/（0.870）= 1287

   答：D 最便宜。

5. 某公司高筋麵粉規格水分爲 12.5%，與廠商談妥，價格爲每公斤 11.8 元，這一批交貨 50 噸，取樣分析水分爲 13.8%，請問此公司損失多少錢？

   解：水分 12.5%，即固形物爲：（100% － 12.5%）= 87.5%

   水分 13.8%，即固形物爲：（100% － 13.8%）= 86.2%

   此固形物不足 87.5% － 86.2% = 1.3%

   原採購每單位固形物價格：11.8 ÷ 87.5% = 13.4857

   不足固形物 × 每單位固形物價格 × 總進貨量 =

   1.3%×13.4857×50000 = 8765（元）

   答：8765 元。

6. 以含水量 20% 的瑪琪琳代替白油（含水量 0%）時，若白油使用量爲 80%，則瑪琪琳需用多少？

   解：瑪琪琳固形物爲 100% − 20% = 80%

   因此要取代 80 的白油需用 80÷80% = 80÷0.8 = 100（%）

   答：100%。

第七節　麵包生產管理計算

身爲麵包師傅，每天必須做生產訂單之原料需求計算與麵包成品數量計算，在運算過程中經常用到等比率觀念、烘焙百分比運算等。在此以實際範例，直接解釋計算方法。

1. 經過一天的生產後，產生的不良麵包有 33 條，占總產量的 1.5%（不良率），請問一共生產多少條麵包？

   解：33 條爲 1.5%，則 100% 爲 X 條

   $$\frac{33}{X} = \frac{1.5}{100} \rightarrow X = 33÷1.5×100 = 2200（條）$$

   答：2200 條。

2. 某工廠專門生產土司麵包，每小時產能 900 條，若每條土司麵糰爲 900 克，烘焙總百分比爲 200%，該工廠每天生產 16 小時，則需使用多少麵粉？

   解：每天總麵糰重爲：16 小時 ×900 條 / 小時 ×900 克 /1000 = 12960 公斤

   烘焙係數：12960 / 200 = 64.8

   麵粉用量爲：100×64.8 = 6480（公斤）

   答：6480 公斤。

3. 製作紅豆麵包，每個麵包麵糰重 60 克，餡重 30 克，假設麵糰與餡每公斤成本相同，產品原料占售價 30%，今因紅豆餡漲價 30%，則原料費占售價比率是多少？

解：漲價後成本比率：30/90×1.3 + 60/90×1.0 = 1.1

原料費占售價比率：30%×1.1 = 33%

答：33%。

4. 假設麵粉密度為 400 公斤 / 立方公尺，今有 10 噸的散裝麵粉，則需要多少空間來貯存？

解：密度 $= \dfrac{重量}{體積} \rightarrow$ 體積 $= \dfrac{重量}{密度} \rightarrow$ 體積 $= \dfrac{10000}{400} = 25$（立方公尺）

答：25 立方公尺。

第八節　麵包生產成本計算

　　一個事業體要永續經營，必須有盈餘，如何產生盈餘？最基本要熟悉生產成本計算，在運算過程中經常用到等比率觀念、烘焙百分比運算等。在此以實際範例解釋其計算方法。

1. 葡萄乾今年的價格是去年的 120%，今年每公斤為 48 元，則去年每公斤應為多少元？

解：120% 為 48，則 100% 為 X

$$\frac{120}{100} = \frac{48}{X} \rightarrow X = 48 \div 120 \times 100 = 40 \text{（元）}$$

答：40 元。

2. 天然奶油今年價格降低 2 成，若今年每公斤為 90 元，則去年每公斤多少元？

解：設去年每公斤 X 元

$$\frac{去年售價100\%}{今年售價100\%-20\% = 80\%} = \frac{X}{90} \quad X = 112.5 \text{（元）}$$

答：112.5 元。

3. 產品售價包含直接人工成本 15%，如果烘焙技師月薪（工作天為 30 天）連食宿可得新臺幣 21,000 元，則其每天需生產產品的價值為多少元？

解：設每天需生產產品的價值 X 元

$$\frac{直接人工每天成本：21,000 \div 30}{每天需生產產品的價值 X 元} = \frac{15\%}{100\%}$$

$21,000 \div 30 \div 0.15 = 4,666$（元）

答：4,666 元。

4. 無水奶油每公斤新臺幣 160 元，含水奶油（實際油量 80%）每公斤 140 元，依實際油量核算則含水奶油每公斤比無水奶油每公斤貴多少？

解：設含水奶油去水之價格為 X 元

$$\frac{含水奶油未去水前售價140元}{含水奶水奶油去水後售價 X 元} = \frac{80\%}{100\%}$$

含水奶油去水後售價：$140 \div 0.8 = 175$

含水奶油比無水奶油貴：$175 - 160 = 15$（元）

答：貴 15 元。

5. 麵包廠創業貸款 400 萬元，年利率 12%，每月應付利息為？

解：$400 \times 12\% \div 12 = 4$（萬元）

答：4 萬元。

6. 帶殼蛋每公斤 38 元，但帶殼蛋的破損率為 15%，連在蛋殼上的蛋液有 5%，蛋殼本身占全蛋的 10%，因此帶殼真正可利用的蛋液，每公斤的價格應為多少元？

解：$38 \div (100\% - 15\%) \div (100\% - 5\%) \div (100\% - 10\%)$

$= 38 \div 0.85 \div 0.95 \div 0.9 = 52.3$（元）

答：52.3 元。

7. 某廠專門生產土司麵包，僱用男工 3 人，月薪 25,000 元，女工 2 人，月薪 15,000 元，每年固定發 2 個月獎金，一個月生產 25 天，每天生產 8 小時，每小時生產 300 條，則每條人工成本為多少？

解：平均每個月薪水 ÷ 每個月生產量 = 每條之人工成本

$$(3 \times 25{,}000 + 2 \times 15{,}000) \times (1 + 2/12) \div (300 \times 8 \times 25) = 2.04 \text{（元／條）}$$

答：2.04 元／條。

8. 某廠專門生產土司麵包，麵糰重 900 公克／條，配方及原料單價如下：麵粉 100%，12 元／公斤、糖 5%，24 元／公斤、鹽 2%，8.5 元／公斤、酵母 2.5%，30 元／公斤、油 4%，40 公斤、奶粉 4%，60 公斤、改良劑 0.5%，130 元／公斤、水 62%（不計價），合計 180%，則每條土司原料成本為多少？

   解：麵糰重 900，烘焙百分比 180，因此烘焙係數：900/180 = 5.00

   因此每種材料之烘焙百分比乘此烘焙係數即可得每材料重量，再將每種材料重量換算成每公斤重，再乘其單價，即可得此原料之金額，最後將各原料加總。即可得土司原料成本：

材料	%	重量（克）	重量（公斤）	單價（元/公斤）	金額
麵粉	100	500	0.5	12	6
糖	5	25	0.025	24	0.6
鹽	2	10	0.01	8.5	0.085
酵母	2.5	12.5	0.0125	30	0.375
油	4	20	0.02	40	0.8
奶粉	4	20	0.02	60	1.2
改良劑	0.5	2.5	0.0025	130	0.325
水	62	310	0.31	0	0
合計	180	900			9.385

   答：9.385 元。

9. 製做某麵包，其配方及原料單價如下：麵粉 100%，12 元／公斤、鹽 2%，8 元／公斤、酵母 2%，14 元／公斤、油 2%，40 公斤、水 60%（不計價），合計 166%，假設損耗 5%，則分割重量 300 公克／條之原料成本為多少？

   解：麵糰重 300，損耗 5%，烘焙百分比 166，因此烘焙係數：

300 / 0.95 / 166 = 1.90

因此每種材料之烘焙百分比乘此烘焙係數即可得每材料重量，再將每種材料重量換算成每公斤重，再乘其單價，即可得此原料之金額，最後將各原料加總。即可得土司原料成本：

材料	%	重量（克）	重量（公斤）	單價（元/公斤）	金額
麵粉	100	190	0.190	12	2.28
鹽	2	4	0.004	8	0.03
酵母	2	4	0.004	14	0.05
油	2	4	0.004	40	0.15
水	60	114	0.114	0	0.00
合計	166	316			2.52

答：2.52 元。

10. 新建某麵包廠，廠房投資 2400 萬元，設備機器投資 2400 萬元，假定廠房折舊以 40 年分攤，設備機器折舊以 10 年分攤，則建廠初期的每月折舊費用為多少？

    解：(2400/40 + 2400/10) ÷ 12 = 25（萬）

    答：25 萬。

11. 假設法國麵包之發酵及烤焙損耗為 10%，以成本每公斤 18 元之麵糰，製作成品重 180 公克之法國麵包 150 個，則所需要的原料成本為多少？

    解：總量 (180×150) 乘以單價（18 元 / 公斤 = 18/1000 元 / 公克）除以損耗（100% − 10% = 0.9）

    180×150×18 / 1000 / 0.9 = 540（元）

    答：540 元。

12. 製作可頌麵包，其中裹入油占未裹入油麵糰重之 50%，已知未裹入油之麵糰每公斤成本 12 元，裹入油每公斤 78 元，假設製作可頌麵包之損耗為 15%，現欲製作每個 80 公克的可頌麵包，其每個產品成本為多少？

解：每個成品重 80 克除以損耗（100% − 15% = 0.85），即可得麵糰重
80/0.85 = 94 克

裹入油占未裹入油麵糰重之 50%，代表裹入油占 1/3；未裹入油麵
糰占 2/3

麵糰重乘以其單價之總和即爲成品成本

94/10000×1/3×78 + 94/1000×2/3×12 = 3.2（元）

答：3.2 元。

13. 製作土司麵包，其烘焙總百分比爲 200%，其中水 60%，今爲提升產品
品質，配方修改爲水 40%，鮮乳 20%，若水不計費用，鮮乳每公斤 50 元，
則製作每條麵糰重 900 克之土司，每條土司原料成本增加多少？

解：烘焙係數：麵糰重除以烘焙總百分比，900 / 200 = 4.50

鮮奶用量爲：20×4.5 = 90

鮮奶用量乘以單價即爲成本：90×50 / 1000 = 4.5（元）

答：4.5 元。

14. 某麵包店爲慶祝週年慶，全產品打八折促銷。已知產品銷售之平均毛利
率原爲 50%，則打折後平均毛利率變爲多少？

解：打折後成本爲：原來成本 / (100% − 20%) = 50%/0.8 = 62.5

因此打折後毛利率爲：100 − 62.5 = 37.5%

答：37.5%。

15. 生產油炸甜圈餅，每個油炸甜圈餅油炸後吸油 5 克，若每生產 30000 個
油炸甜圈餅需用油 500 公斤，另因產品吸油需再補充加油 100 公斤，若
油炸油每公斤 40 元，則平均每個油炸甜圈餅分攤之油炸油成本爲？

解：生產 30000 個的油炸油使用量乘單價，即爲總油炸油成本，將此總
成本除以 30000 個，就是每個成本。

(500 + 100)×40÷30000 = 0.8（元）

答：0.8 元。

16. 假設某甜麵包之烘焙總百分比為 200%，今若改作冷凍麵糰，水分減少 2%，酵母增加 1%，且增加使用改良劑 1%，若水費不計，酵母每公斤 80 元，改良劑每公斤 200 元，則生產每個重 100 克之冷凍麵糰成本增加 多少元？

解：先求出 100 克冷凍麵糰之酵母與改良劑使用量，再將此量乘其單價，即為成本。

烘焙係數：$100 \div 200 = 0.5$

酵母使用量：$1 \times 0.5 = 0.5$

改良劑使用量：$1 \times 0.5 = 0.5$

酵母成本：$0.5 / 1000 \times 80 = 0.04$

改良劑成本：$0.5 / 1000 \times 200 = 0.1$

$0.04 + 0.1 = 0.14$（元）

答：0.14 元。

17. 每個菠蘿麵包之原物料費為 5.5 元，已知占售價之 25%，若人工費用每個 2.2 元，製造費用每個 1.6 元，則麵包售價幾元？人工費率為多少？製作費率為多少？毛利率為多少？

解：(1) 原物料費為 5.5 元，占售價之 25%，因此麵包售價為 $5.5 \div 25\% = 22$（元）

(2) 人工費率為人工費用除以售價 $= 2.2 \div 22 = 10$（%）

(3) 製作費率為製作費用除以售價 $= 1.6 \div 22 = 7.3$（%）

(4) 毛利率為售價扣掉（原物料費、人工費、製作費）除以售價 $= [22 - (5.5 + 2.2 + 1.6)] / 22 = 57.7\%$

18. 製作每個麵糰 300 公克，售價 100 元之法國麵包，假設配方為麵粉 100%、新鮮酵母 3%、鹽 2%、水 64%、改良劑 1%。若不考慮損耗。(1) A 牌酵母每公斤 100 元，若改用 B 牌酵母每公斤 117 元，則每個麵包成本增加多少？(2) A 牌酵母每公斤 100 元，若改用 C 牌酵母每公斤 150 元，但只需使用 2.5% 哪個成本較高？(3) 若麵粉價格由每公斤 27.5 元降價

至 23.25 元，則毛利率增加多少？(4) 每天銷售 800 個麵包，若因原料價格波動造成毛利率降低 2.5%，則每天少賺多少元？

解：(1) 烘焙總百分比：(100 + 3 + 2 + 64 + 1) = 170

麵糰 300 克之烘焙係數：300 / 170 = 1.76

酵母使用量為：3×1.76 = 5.28（公克）

增加成本：使用量乘以價差：5.28/1000×(117 − 100) = 0.09（元）

(2) A 牌酵母成本：酵母使用量乘以售價：3×1.76×100/1000 = 0.53（元）

C 牌酵母成本：酵母使用量乘以售價：

2.5×1.76×150/1000 = 0.66（元）……成本比較高

(3) 麵粉使用量：麵粉烘焙百分比乘烘焙係數：100×1.76 = 176

麵粉降價所增加毛利率：麵粉使用量乘以售價：

176 / 1000×(27.5 − 23.25) = 0.75（%）

(4) 淨賺為單價乘銷售量乘毛利率，因此毛利率降低 2.5%，其影響為：100×800×2.5% = 2000（元）

19. 葡萄乾土司依實際百分比葡萄乾占 20%，葡萄乾每磅價格為 50 元（1 磅等於 0.454 公斤），若製作每條 1200 公克之土司 50 條，(1) 葡萄乾購買金額是多少？ (2) 葡萄乾使用量是多少？ (3) 若葡萄乾價格每磅調漲 10，則成本增加多少？ (4) 若葡萄乾占比增加到 25%，則購買葡萄乾金額是多少？

解：(1) 葡萄乾購買金額等於使用量乘以單價：

1200×50×20%×50/1000/0.454 = 1322（元）

(2) 葡萄乾使用量等於總成品量乘葡萄乾占比率：

1200×50 / 1000×20% = 12（公斤）

(3) 增加成本等於葡萄乾使用量乘以價差：

1200×50 / 1000×20%×10 / 0.454 = 264（元）

(4) 葡萄乾購買金額等於使用量乘以單價：

1200×50×25%×50 / 1000 / 0.454 = 1652（元）

20. 某麵包店每月固定支出店租 10 萬元，人事費 35 萬元，水、電、瓦斯 5 萬，其他支出 10 萬元，若原物料費用占 40%，則 (1) 每月營業額要多少才損益兩平？ (2) 若營業額達 150 萬，則店利益是多少？ (3) 若營業額為 50 萬，則店損多少？ (4) 若某月促銷，全產品打 8 折，要達到損益兩平，則營業額要多少？

解：(1) 設每月營業額為 X，損益兩平。

$$X \times (1 - 40\%) = 10 + 35 + 5 + 10 \quad X = 100（萬）$$

(2) 營業額達 150 萬，則店利益：

$$150 \times (1 - 40\%) - 10 - 35 - 5 - 10 = 30（萬）$$

(3) 營業額達 50 萬，則店利益：

$$50 \times (1 - 40\%) - 10 - 35 - 5 - 10 = -30（萬）$$

(4) 全產品打 8 折，原物料費用占 40% / 0.8 = 50%

設營業額 X，才達到損益兩平，則

$$Y \times (1 - 50\%) = 10 + 35 + 5 + 10 \quad Y = 120（萬）$$

21. 糖粉每公斤 60 元，若使用每公斤 30 元之砂糖自行磨粉，其人工成本每公斤 12 元，製作成本每公斤 3 元，生產耗損 10%，則 (1) 每月使用 1.5 噸自磨糖粉，降低多少成本？ (2) 若糖粉及砂糖價格都下跌 20%，則哪一個的成本比較低？ (3) 若每月使用量增加到 3 噸，但增加人員加班費每公斤 5 元，則自磨糖粉可降低成本多少？ (4) 若投入新磨粉設備，人工成本降至每公斤 11 元，且無損耗，但設備折舊每月固定增加 2 萬元，又糖粉及砂糖價格都下跌 20%，則每月使用量達 2 噸時，則哪一個的成本比較低？

解：(1) 採購糖粉生產 1.5 噸成本：數量乘以單價 = 1500×60 = 90000

磨糖粉成本：數量乘以（單價 + 人工成本 + 製作成本）/ (100% − 10%) = 1500×(30 + 12 + 3) / 0.9 = 75000

降低成本：90000 − 75000 = 15000（元）

(2) 糖粉價格下跌 20% 採購糖粉生產 1.5 噸成本：

數量乘以單價 $\times 80\% = 1500 \times 60 \times 80\% = 72000$

砂糖價格下跌 20% 自行磨糖粉成本：

$1500 \times (30 \times 80\% + 12 + 3) / 0.9 = 65000$（元）……比較低

(3) 採購糖粉生產 3 噸成本：數量乘以單價 $= 3000 \times 60 = 180000$

磨糖粉成本：數量乘以（單價 + 人工成本 + 製作成本）/ (100%

$- 10\%) = 3000 \times (30 + 12 + 3 + 5) / 0.9$

$= 166666$

降低成本：$180000 - 166667 = 13333$（元）

(4) 採購糖粉生產 2 噸成本：數量乘以降價後單價 $= 2000 \times 60 \times 80\%$

$= 96000$

磨糖粉成本：數量乘以（降價後單價 + 人工成本 + 製作成本）+

折舊 $= 2000 \times (30 \times 80\% + 11 + 3) + 20000 = 96000$…………生產

2 噸時兩種生產方式，成本剛好一樣，如果產量大於 2 噸，則由

於磨糖粉的設備折舊固定，磨愈多成本較低。

22. 為滿足市場消費者需求及公司利潤要求，今欲開發一個售價 500 元，原物料成本占售價 30% 之生日蛋糕，(1) 若包材每單個產品成本 30 元，則每個蛋糕原物料費需控制在多少？(2) 若每個原物料費為 100 元，則包材成本站售價多少％？(3) 若促銷打 8 折，但原物料價格不變，則原物料占售價比為多少％？(4) 若原物料價格調漲至 180 元，為維持原物料成本占售價 30%，則售價需調漲到多少？

解：(1) 原物料成本包括原物料及包材，因此售價 500 元之 30% 為：

$500 \times 30\% = 150$（元）

已知包材費用 30 元，因此蛋糕原物料費為：$150 - 30 = 120$（元）

(2) 若每個原物料費為 100 元，則包材成本每個為 150-100 = 50（元）

包材成本占售價比為：$50 \div 500 = 10\%$

(3) 促銷打 8 折，則售價為：$500 \times 80\% = 400$（元）

原物料成本不變：150 元，因此占售價比為：$150 \div 400 = 37.5\%$

(4) 原物料價格調漲至 180 元爲維持原物料成本占售價 30%，則售價需調漲：$180 \div 30\% = 600$（元）

23. (1) 某工廠開發出一新產品，已知原物料費爲 3.5 元，人工、製造費占售價之 30%，產品毛利率爲 35%，則產品售價爲多少元？(2) 製作某產品，使用之全蛋液每公斤 30 元，今全蛋缺貨，改用每公斤 50 元之蛋黃與每公斤 20 元之蛋白取代（已知全蛋中蛋黃與蛋白比率爲 1：2），則成本爲何？(3) 每個菠蘿麵包之原料費爲 2.5 元，已知占售價之 25%，若人工費用每個 0.7 元，則人工費率爲多少％？

    解：(1) 原物料費率爲總費率扣掉人工、製造費與產品毛利率，因此：

    $100\% - 30\% - 35\% = 35\%$

    已知原物料費爲 3.5 元，占 35%，則售價爲：$3.5 \div 35\% = 10$（元）

    (2) 全蛋中蛋黃與蛋白比率爲 1：2，此比率乘其單價爲：$1/3 \times 50 + 2/3 \times 20 = 30$（元）

    (3) 原料費爲 2.5 元，占售價之 25%，若人工費用每個 0.7 元，則人工費率爲：

    $$\frac{2.5}{0.7} = \frac{25\%}{X} \rightarrow X = 0.7 \times 25\% \div 2.5 = 7\%$$

24. (1) 製作白土司麵包，以烘焙百分比計算，全脂奶粉占 2%，今以全脂鮮奶取代，（已知鮮奶成分中水占 87%，固形物占 13%）請問如何取代？(2) 製作成品 90 公克之紅豆麵包，製作及其烤焙損耗總計爲 10%，紅豆餡：麵糰重 = 2：3，紅豆餡 120 元／公斤，麵糰 28 元／公斤，則每個麵包原料成本是多少？(3) 某麵包原料成本占售價 42%，若原料價格由 12.6 元提高至 14.4 元，則原料成本占售價變爲多少％？

    解：(1) 全脂奶粉 2%，相當於等量固形物全脂鮮奶量爲：$2 \div 13\% = 15$

    因此以 15% 全脂鮮奶取代 2% 全脂奶粉，但是配方中水量須減掉：

    $15 - 12 = 13$（%）

    (2) 成品 90 克，損耗 10%，相當於原料：

    $90 \div (100\% - 10\%) = 100$（克）$= 0.1$ 公斤

原料成本為用量乘其單價：

100 / 1000×2 / 5×120 + 100 / 1000×3 / 5×28 = 6.48（元）

(3) 原料價格 12.6 占 42%，因此其售價為：12.6÷42% = 30（元）

現原物料為 14.4 占售價：14.4÷30 = 48%

25. 某麵包工廠生產每個麵糰 60 公克售價 20 元的麵包，各公段設備最大能力：麵糰攪拌為 300 公斤 / 時，分割機 8000 個 / 時，人工整型 5680 個 / 時，最後發酵 9500 個 / 時，烤焙滿爐可烤 1200 個麵包，烤焙時間 15 分鐘，生產線共有員工 18 人，平均薪資 320 元 / 時，若不考量各工段生產損耗，全線連續生產不中斷及等待，則 (1) 每個麵包人工成本為多少？(2) 若某天三人辭職，造成加班，平均薪資增加 40 元 / 時，每個麵包成本為多少？(3) 若訓練人工整型速度提升 3%，則人工整型速度為何？(4) 若工廠改善製程將烤焙時間縮短為 12 分鐘，則人工費率為多少 %？

解：(1) 各段最大產量限制：攪拌：300×1000÷60 = 5000 個 / 時，分割：8000 個 / 時，人工整型：5680 個 / 時，最後發酵：9500 個 / 時，烤焙：1200×60 / 15 = 4800 個 / 時。

因此：最大產能：4800 個 / 時。至於每個麵包人工成本為：人數乘薪資除以最大產能：18×320 / 4800 = 1.2（元）

(2) 15 人，平均薪資 320 + 40 = 360 元 / 時，則每個麵包人工成本為：15×360 / 4800 = 1.125（元）

由於 3 人辭職，造成每個麵包人工成本降低：

1.2 - 1.125 = 0.075（元）

(3) 若人工整型速度提升 3%，則 5680×1.03 = 5850 個 / 時，但是烤焙最大產能極限是 4800 個 / 時，因此提升人工整型速度，對實際產量無增加之效果。

(4) 烤焙時間縮短為 12 分鐘，則烤焙速度為：1200×60 / 12 = 6000 個 / 時。

人工費率爲：員工總薪資占總可銷售金額（產量 × 單價）比率，由於烤焙速度已提升，最大瓶頸爲攪拌：5000 個 / 時。

人工費率爲：$18 \times 320 \div (5000 \times 20) \times 100\% = 5.76\%$

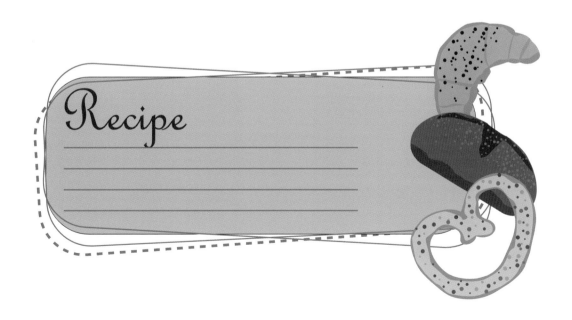

Recipe

_____

_____

_____

My recipes

麺包配方介紹 CHAPTER 5

製 程

攪拌麵糰 → 基本發酵 →

分割 → 滾圓 → 鬆弛 →

包餡 → 放入平烤盤 →

最後發酵 → 表面噴水 →

烤焙 → 出爐

第一節 奶酥餡麵包（直接法）甜麵包與餐包

	製程	條件
1	攪拌麵糰	擴展階段
	主麵糰溫度	26℃
2	基本發酵時間	60min
3	分割麵糰重量	60g
	分割麵糰個數	20
	滾圓、鬆弛	15min
	包餡	30g
4	最後發酵時間	50min
5	烤焙	
	上爐火溫度	200℃
	下爐火溫度	180℃
	烤焙時間	12min

特殊器具

① 擀麵棍　1 根
② 切麵刀　1 把
③ 噴水器　1 把
④ 包餡匙　1 根

主麵糰

材料	百分比	重量
高筋麵粉	85	542
低筋麵粉	15	96
糖	20	127
鹽	1	6
冰水	52	331
全蛋	10	64
即溶酵母	1.2	8
奶粉	4	25
奶油	10	64
合計	**198.2**	**1263**
奶酥餡		600

葡萄乾奶酥餡

材料	百分比	重量
奶油	75	155
糖粉	60	124
食鹽	1	2
全蛋	20	41
奶粉	100	206
葡萄乾	40	83
紅葡萄酒	10	21
合計	**306**	**632**

奶酥餡

材料	百分比	重量
奶油	75	185
糖粉	60	148
食鹽	1	2
全蛋	20	49
奶粉	100	247
合計	**256**	**632**

備註：葡萄乾奶酥餡與奶酥餡兩者
　　　擇一即可

攪拌麵糰 → 基本發酵 →

分割 → 滾圓 → 鬆弛 →

包餡 → 放入平烤盤 →

最後發酵 → 表面噴水 →

烤焙 → 出爐

布丁餡甜麵包（直接法）

	製程	條件
1	攪拌麵糰	擴展階段
	主麵糰溫度	26℃
2	基本發酵時間	60min
	分割麵糰重量	60g
3	分割麵糰個數	20
	滾圓、鬆弛	15min
	包餡	30g
4	最後發酵時間	50min
5	烤焙	
	上爐火溫度	200℃
	下爐火溫度	180℃
	烤焙時間	12min

特殊器具

① 擀麵棍　1 根

② 切麵刀　1 把

③ 噴水器　1 把

④ 包餡匙　1 根

配方

主麵糰

材料	百分比	重量
高筋麵粉	85	542
低筋麵粉	15	96
糖	20	127
鹽	1	6
冰水	52	331
全蛋	10	64
即溶酵母	1.2	8
奶粉	4	25
奶油	10	64
合計	198.2	1263

蔓越莓布丁餡

材料	百分比	重量
卡士達粉	100	191
奶粉	20	38
食鹽	1	2
冰水	160	305
蔓越莓乾	40	76
蘭姆酒	10	19
合計	331	632

布丁餡

材料	百分比	重量
卡士達粉	100	225
奶粉	20	45
食鹽	1	2
冰水	160	360
合計	281	632

備註：蔓越莓布丁餡與布丁餡兩者
　　　擇一即可

攪拌麵糰 → 基本發酵 →

分割 → 滾圓 → 鬆弛 →

包餡 → 放入平烤盤 →

最後發酵 → 表面噴水 →

烤焙 → 出爐

紅豆甜麵包（直接法）

	製程	條件
1	攪拌麵糰	擴展階段
	主麵糰溫度	26℃
2	基本發酵時間	60min
3	分割麵糰重量	60g
	分割麵糰個數	20
	滾圓、鬆弛	15min
	包餡	30g
4	最後發酵時間	50min
5	烤焙	
	上爐火溫度	200℃
	下爐火溫度	180℃
	烤焙時間	12min

特殊器具

① 擀麵棍　1 根

② 切麵刀　1 把

③ 噴水器　1 把

④ 包餡匙　1 根

主麵糰

材料	百分比	重量
高筋麵粉	85	542
低筋麵粉	15	96
糖	20	127
鹽	1	6
冰水	52	331
全蛋	10	64
即溶酵母	1.2	8
奶粉	4	25
奶油	10	64
合計	198.2	1263
含油紅豆餡		600

攪拌麵糰 → 基本發酵 →

分割 → 滾圓 → 鬆弛 →

整型 → 放入平烤盤 →

最後發酵 → 表面噴水 →

烤焙 → 出爐

橄欖形餐包（直接法）

	製程	條件
1	攪拌麵糰	擴展階段
	主麵糰溫度	26℃
2	基本發酵時間	60min
3	分割麵糰重量	40g
	分割麵糰個數	32
	滾圓、鬆弛	15min
	整型	
4	最後發酵時間	50min
5	烤焙	
	上爐火溫度	200℃
	下爐火溫度	180℃
	烤焙時間	12min

特殊器具

① 擀麵棍　1 根

② 切麵刀　1 把

③ 噴水器　1 把

配 方

主麵糰

材料	百分比	重量
高筋麵粉	85	596
低筋麵粉	15	105
糖	16	112
鹽	1	7
冰水	52	365
全蛋	10	70
即溶酵母	1.2	8
奶粉	4	28
奶油	8	56
合計	192.2	1347

製 程

攪拌 → 基本發酵 → 分割 →

滾圓 → 鬆弛 → 包餡（29g）→

沾蛋白 → 沾糖麵（14g）→

放平烤盤 → 最後發酵 →

烤焙 → 出爐

計算：

分割 麵　糰：95÷0.95÷7×4 = 57

奶酥餡：95÷0.95÷7×2 = 29

糖麵餡：95÷0.95÷7×1 = 14

沙菠蘿甜麵包（直接法）

	製程	條件
1	攪拌麵糰	擴展階段
	主麵糰溫度	26℃
2	基本發酵時間	60min
3	分割麵糰重量	57g
	分割麵糰個數	30
	滾圓、鬆弛	15min
	包餡、沾糖麵	29g+14g
4	最後發酵時間	50min
5	上爐火溫度	200℃
	下爐火溫度	180℃
	烤焙時間	12min

特殊器具

① 包餡匙　1 根

② 擀麵棍　1 根

③ 切麵刀　1 把

④ 粗篩網　1 個

配方

主麵糰

材料	百分比	重量
高筋麵粉	85	772
低筋麵粉	15	136
糖	20	182
鹽	1	9
冰水	52	472
全蛋	10	91
即溶酵母	1.2	11
奶粉	4	36
奶油	10	91
合計	198.2	1800

糖麵餡

材料名稱	百分比	重量
糖粉	60	126
白油	50	105
高筋粉	100	211
合計	210	442

製作程序

1. 糖、油拌勻。
2. 麵粉加入拌勻。
3. 過粗篩,再篩一次。
4. 灑些高筋粉冷凍備用。

葡萄乾奶酥餡

材料	百分比	重量
奶油	75	224
糖粉	60	180
食鹽	1	3
全蛋	20	60
奶粉	100	299
葡萄乾	40	120
紅葡萄酒	10	30
合計	306	916

沾

蛋白液		100

奶酥餡

材料	百分比	重量
奶油	75	268
糖粉	60	215
食鹽	1	4
全蛋	20	72
奶粉	100	358
合計	256	916

沾

蛋白液		100

備註:葡萄乾奶酥餡與奶酥餡兩者
　　　擇一即可

製程

攪拌 ↠ 基本發酵 ↠ 分割 ↠

滾圓 ↠ 鬆弛 ↠ 包餡（29g）↠

沾蛋白 ↠ 沾糖麵（14g）↠

放平烤盤 ↠ 最後發酵 ↠

烤焙 ↠ 出爐

芒果沙菠蘿甜麵包（湯種法）

	製程	條件
1	攪拌麵糰	擴展階段
	主麵糰溫度	26℃
2	基本發酵時間	60min
3	分割麵糰重量	57g
	分割麵糰個數	30
	滾圓、鬆弛	15min
	包餡、沾糖麵	29g+14g
4	最後發酵時間	50min
5	上爐火溫度	200℃
	下爐火溫度	180℃
	烤焙時間	15min

特殊器具

① 包餡匙　1 根
② 擀麵棍　1 根
③ 切麵刀　1 把
④ 粗篩網　1 個

配方

湯種麵糰

材料	百分比	重量
湯種麵糰	10	86

主麵糰

材料	百分比	重量
高筋麵粉	85	735
低筋麵粉	15	130
糖	20	173
鹽	1	9
冰水	52	450
全蛋	10	86
即溶酵母	1.2	10
奶粉	4	35
奶油	10	86
合計	208.2	1800

芒果奶酥餡

材料	百分比	重量
糖粉	23	69
奶油	59	177
芒果果泥	86	256
玉米粉	23	69
奶粉	100	299
合計	291	870

沾

蛋白液		100

糖麵餡

材料名稱	百分比	重量	製作程序
糖粉	60	126	1. 糖、油、檸檬皮拌勻。
白油	50	105	2. 麵粉加入拌勻。
高筋粉	100	210	3. 過粗篩,再篩一次。
檸檬皮(粒)	0.5	1	4. 灑些高筋粉冷凍備用。
合計	210.5	442	

湯種麵糰

材料	百分比	重量	製作程序
高筋麵粉	100	44	1. 沸水沖入麵粉拌成糰。
沸水	80	35	2. 拌入其餘材料。
糖	10	4	3. 冷卻後冷藏備用。
鹽	1	0.4	
奶油	10	4	
奶粉	4	2	
合計	205	90	

製程

攪拌中種麵糰 → 基本發酵 →
攪拌主麵糰 → 延續發酵 →
分割 → 滾圓 → 鬆弛 →
包餡（29g） → 沾蛋白 →
沾糖麵（14g） → 放平烤盤 →
最後發酵 → 烤焙 → 出爐

PS：此產品比較適合剛出爐品嚐，
放至隔天元宵皮就變硬，因此
只製作 18 粒。

隔夜冷藏中種法與湯種法

沙菠蘿流沙甜麵包（結合

	製程	條件
中種麵糰	攪拌麵糰	成糰階段
	基本發酵麵糰 25℃時間	1 小時
	冷藏發酵 4℃時間	16 小時
1	攪拌麵糰	擴展階段
	主麵糰溫度	26℃
2	延續發酵時間	60min
3	分割麵糰重量	57g
	分割麵糰個數	18
	滾圓、鬆弛	15min
	包餡、沾糖麵	29g+14g
4	最後發酵時間	50min
5	上爐火溫度	200℃
	下爐火溫度	180℃
	烤焙時間	15min

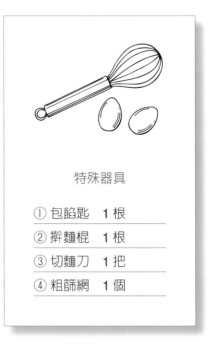

特殊器具

① 包餡匙　1 根
② 擀麵棍　1 根
③ 切麵刀　1 把
④ 粗篩網　1 個

配方

中種麵糰

材料	百分比	重量
高筋麵粉	55	285
低筋麵粉	15	78
水	42	218
即溶酵母	1	5
麥芽精 （1:1 稀釋）	0.5	3
小計	113.5	588

湯種麵糰

湯種麵糰	10	52

主麵糰

材料	百分比	重量
高筋麵粉	30	155
糖	20	104
鹽	1	5
冰水	10	52
全蛋	10	52
奶粉	4	21
奶油	10	52
合計	208.5	1080

餡

黑芝麻元宵湯圓		18 粒

沾

蛋白液		50

糖麵餡

材料名稱	百分比	重量	製作程序
細砂糖	60	76	1. 糖、油拌勻。
白油	50	63	2. 麵粉加入拌勻。
高筋粉	100	126	3. 過粗篩，再篩一次。
合計	210	265	4. 灑些高筋粉冷凍備用。

湯種麵糰

材料	百分比	重量	製作程序
高筋麵粉	100	28	1. 沸水沖入麵粉拌成糰。
沸水	80	22	2. 拌入其餘材料。
糖	10	3	3. 冷卻後冷藏備用。
鹽	1	0.3	
油	10	3	
奶粉	4	1	
合計	205	58	

攪拌 → 基本發酵 → 分割 →

滾圓 → 鬆弛 →

包餡（29g）→ 放平烤盤 →

最後發酵 →

表面稍微風乾再擠墨西哥餡（29g）→

烤焙 → 出爐

計算：

分割 麵 糰：110÷0.95÷4×2 = 58

奶酥餡：110÷0.95÷4×1 = 29

墨西哥：110÷0.95÷4×1 = 29

墨西哥甜麵包（直接法）

	製程	條件
1	攪拌麵糰	擴展階段
	主麵糰溫度	26℃
2	基本發酵時間	60min
3	分割麵糰重量	58g
	分割麵糰個數	30
	滾圓、鬆弛	15min
	包餡	29g
4	最後發酵時間	50min
5	上爐火溫度	200℃
	下爐火溫度	180℃
	烤焙時間	15min

特殊器具

① 包餡匙　　1 根

② 擀麵棍　　1 根

③ 切麵刀　　1 把

④ 平口花嘴　1 個

⑤ 擠花袋　　1 個

配方

主麵糰

材料	百分比	重量
高筋麵粉	85	785
低筋麵粉	15	139
糖	20	185
鹽	1	9
冰水	52	481
全蛋	10	92
即溶酵母	1.2	11
奶粉	4	37
奶油	10	92
合計	198.2	1832

蔓越莓奶酥餡

材料	百分比	重量
奶油	75	225
糖粉	60	180
食鹽	1	3
全蛋	20	60
奶粉	100	299
葡萄乾	40	120
紅葡萄酒	10	30
合計	306	916

墨西哥餡

材料名稱	百分比	重量
糖粉	80	233
鹽	1	3
奶油	40	117
白油	60	175
蛋	70	204
低筋粉	100	292
合計	351	1024

奶酥餡

材料	百分比	重量
奶油	75	268
糖粉	60	215
食鹽	1	4
全蛋	20	72
奶粉	100	358
合計	256	916

備註：蔓越莓奶酥餡與奶酥餡兩者

擇一即可

製作程序

1. 糖粉、鹽、油拌勻（勿打發）。
2. 蛋分次加入，拌至乳化完成。
3. 低筋粉過篩後加入拌勻即可。

製程

攪拌 ➛ 基本發酵 ➛ 分割 ➛

滾圓 ➛ 鬆弛 ➛

包餡（29g）➛ 放平烤盤 ➛

最後發酵 ➛

表面稍微風乾再擠墨西哥餡（29g）➛

烤焙 ➛ 出爐

黑墨西哥甜麵包（湯種法）

	製程	條件
1	攪拌麵糰	擴展階段
	主麵糰溫度	26℃
2	基本發酵時間	60min
3	分割麵糰重量	58g
	分割麵糰個數	30
	滾圓、鬆弛	15min
	包餡	29g
4	最後發酵時間	50min
5	上爐火溫度	200℃
	下爐火溫度	180℃
	烤焙時間	15min

特殊器具

① 包餡匙　　1 根

② 擀麵棍　　1 根

③ 切麵刀　　1 把

④ 平口花嘴　1 個

⑤ 擠花袋　　1 個

配方

湯種麵糰

材料	百分比	重量
湯種麵糰	10	87

主麵糰

材料	百分比	重量
高筋麵粉	85	748
低筋麵粉	15	132
黑糖粉	20	176
鹽	1	9
冰水	52	458
全蛋	10	88
即溶酵母	1.2	11
奶粉	4	35
奶油	10	88
合計	208	1832

蔓越莓黑奶酥餡

材料	百分比	重量
黑糖粉	59	170
奶油	73	210
動物性鮮奶油	19	55
奶粉	100	289
蔓越莓乾	40	116
蘭姆酒	10	29
合計	301	870

黑墨西哥餡

材料名稱	百分比	重量	製作程序
黑糖粉	79	231	1. 糖粉、鹽、油拌勻（勿打發）。
鹽	1	2	2. 蛋分次加入，拌至乳化完成。
奶油	100	293	3. 低筋粉過篩後加入拌勻即可。
雞蛋	69	204	
低筋粉	100	293	
合計	349	1024	

湯種麵糰

高筋麵粉	100	47	1. 沸水沖入麵粉拌成糰。
沸水	80	38	2. 拌入其餘材料。
糖	10	5	3. 冷卻後冷藏備用。
鹽	1	0.5	
奶油	10	5	
奶粉	4	2	
合計	205	97	

攪拌中種麵糰 ⟿ 基本發酵 ⟿

攪拌主麵糰 ⟿ 延續發酵 ⟿

分割 ⟿ 滾圓 ⟿ 鬆弛 ⟿

包餡（29g）⟿ 放平烤盤 ⟿

最後發酵 ⟿

表面稍微風乾再擠墨西哥餡（29g）⟿

烤焙 ⟿ 出爐

紫米墨西哥甜麵包（結合 隔夜冷藏中種法與湯種法）

	製程	條件
中種麵	攪拌麵糰	成糰階段
	基本發酵麵糰 25℃時間	1 小時
	冷藏發酵 4℃時間	16 小時
1	攪拌麵糰	擴展階段
	主麵糰溫度	26℃
2	延續發酵時間	60min
3	分割麵糰重量	58g
	分割麵糰個數	30
	滾圓、鬆弛	15min
	包餡	29g
4	最後發酵時間	50min
5	上爐火溫度	200℃
	下爐火溫度	180℃
	烤焙時間	15min

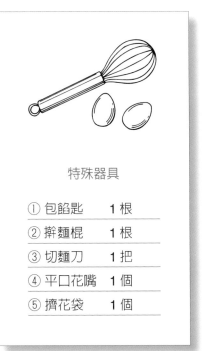

特殊器具

① 包餡匙　1 根

② 擀麵棍　1 根

③ 切麵刀　1 把

④ 平口花嘴　1 個

⑤ 擠花袋　1 個

配方

中種麵糰

材料	百分比	重量
高筋麵粉	55	485
低筋麵粉	15	132
水	42	371
即溶酵母	1	9
麥芽精 （1:1 稀釋）	0.5	4
小計	113.5	1002

湯種麵糰

湯種麵糰	10	88

主麵糰

材料	百分比	重量
高筋麵粉	30	265
糖	20	177
鹽	1	9
冰水	9	79
全蛋	10	88
奶粉	4	35
奶油	10	88
合計	207.5	1832

紫米餡

材料	百分比	重量
熟紫米	100	202
鮮奶	238	482
奶粉	14	29
卡士達粉	100	202
合計	452	916

墨西哥餡：

材料名稱	百分比	重量	製作程序
糖粉	79	225	1. 糖粉、鹽、油拌勻（勿打發）。
鹽	1	2	2. 蛋分次加入，拌至乳化完成。
奶油	100	285	3. 低筋粉過篩後加入拌勻再拌熟紫米即可。
蛋	69	198	
低筋粉	100	285	
熟紫米	10	28	
合計	359	1024	

熟紫米

材料	百分比	重量	
鮮奶	100	99	生紫米先浸泡水隔夜煮熟。
水	100	99	
紫米	60	59	
合計	260	257	

製程

攪拌 → 基本發酵 → 分割 →
滾圓 → 鬆弛 → 包餡（23g）→
裹皮（23g）→ 放平烤盤 →
刷蛋黃 → 室溫最後發酵 →
烤焙 → 出爐

計算：

分割 麵 糰：$100 \div 0.95 \div 4.5 \times 2.5 = 58$

　　奶酥餡：$100 \div 0.95 \div 4.5 \times 1.0 = 23$

　　菠蘿皮：$100 \div 0.95 \div 4.5 \times 1.0 = 23$

菠蘿甜麵包（直接法）

	製程	條件
1	攪拌麵糰	擴展階段
	主麵糰溫度	26℃
2	基本發酵時間	60min
3	分割麵糰重量	58g
	分割麵糰個數	30
	滾圓、鬆弛	15min
	包餡、包菠蘿皮	23g
4	最後發酵時間	50min
5	上爐火溫度	190℃
	下爐火溫度	180℃
	烤焙時間	13min

特殊器具

① 包餡匙　1 根
② 切麵刀　1 把
③ 毛　刷　1 把

配 方

主麵糰

材料	百分比	重量
高筋麵粉	85	785
低筋麵粉	15	139
糖	20	185
鹽	1	9
冰水	52	481
全蛋	10	92
即溶酵母	1.2	11
奶粉	4	37
奶油	10	92
合計	**198.2**	**1832**

葡萄乾奶酥餡

材料	百分比	重量
奶油	75	178
糖粉	60	142
食鹽	1	2
全蛋	20	47
奶粉	100	237
葡萄乾	40	95
紅葡萄酒	10	24
合計	**306**	**726**

刷

蛋黃		100

菠蘿皮

材料名稱	百分比	重量
糖粉	43	142
鹽	0.5	2
奶油	22	72
白油	22	72
奶粉	5	16
全蛋	28	92
低筋粉	100	329
合計	**220.5**	**726**

奶酥餡

材料	百分比	重量
奶油	75	213
糖粉	60	170
食鹽	1	3
全蛋	20	57
奶粉	100	284
合計	**256**	**726**

刷

蛋黃		100

製作程序

1. 糖粉、鹽、油、奶粉打發。
2. 蛋分次加入拌至乳化完成。
3. 麵粉過篩後,整形前在桌面上用手拌入麵粉,以避免麵粉出筋導致麵皮硬化,烤焙後不易龜裂。

備註:葡萄乾奶酥餡與奶酥餡兩者擇一即可

攪拌 ↦ 基本發酵 ↦ 分割 ↦

滾圓 ↦ 鬆弛 ↦ 包餡（23g） ↦

裹皮（23g） ↦ 放平烤盤 ↦

刷蛋黃 ↦ 無溼度最後發酵 ↦

烤焙 ↦ 出爐

蔓越莓菠蘿甜麵包（湯種法）

	製程	條件
1	攪拌麵糰	擴展階段
	主麵糰溫度	26℃
2	基本發酵時間	60min
3	分割麵糰重量	58g
	分割麵糰個數	30
	滾圓、鬆弛	15min
	包餡、包菠蘿皮	23g
4	最後發酵時間	50min
5	上爐火溫度	190℃
	下爐火溫度	180℃
	烤焙時間	13min

特殊器具

① 包餡匙　1 根

② 切麵刀　1 把

③ 毛　刷　1 把

配方

湯種麵糰

材料	百分比	重量
湯種麵糰	10	87

主麵糰

材料	百分比	重量
高筋麵粉	100	880
糖	4	35
鹽	1	9
冰水	42	370
全蛋	6	53
即溶酵母	1.2	11
奶粉	4	35
奶油	5	44
蔓越莓醬	35	308
合計	**208**	**1832**

蔓越莓奶酥餡

材料	百分比	重量
糖粉	60	142
奶油	75	180
動物性鮮奶油	19	46
奶粉	100	239
蔓越莓乾	40	95
紅葡萄酒	10	24
合計	**304**	**726**

刷

		重量
蛋黃		100

蔓越莓醬

材料名稱	百分比	重量	製作程序
蔓越莓乾	100	200	蔓越莓乾、糖與酒一起煮到水
細砂糖	15	30	即將乾掉(冷卻後才乾掉)。
紅葡萄酒	175	350	
合計	**290**	**580**	

蔓越莓菠蘿皮

材料	百分比	重量	製作程序
糖粉	43	132	1. 糖粉、鹽、油、奶粉打發。
鹽	0.3	1	2. 蛋分次加入拌至乳化完成。
奶油	44	135	3. 麵粉過篩後,整形前在桌面
奶粉	5	14	上用手拌入麵粉,以避免麵
全蛋	24	74	粉出筋導致麵皮硬化,烤焙
蛋黃	6	18	後不易龜裂。
蔓越莓乾	15	46	4. 蔓越莓乾切碎。
低筋麵粉	100	306	
合計	**237**	**726**	

湯種麵糰

材料	百分比	重量	製作程序
高筋麵粉	100	47	1. 沸水沖入麵粉拌成糰。
沸水	80	38	2. 拌入其餘材料。
糖	10	5	3. 冷卻後冷藏備用。
鹽	1	0.5	
油	10	5	
奶粉	4	2	
合計	**205**	**97**	

製程

攪拌 ⤳ 基本發酵 ⤳ 分割 ⤳

滾圓 ⤳ 鬆弛 ⤳ 包餡（23g）⤳

裹皮（23g）⤳ 放平烤盤 ⤳

刷蛋黃 ⤳ 無溼度最後發酵 ⤳

烤焙 ⤳ 出爐

芋頭菠蘿甜麵包（湯種法）

	製程	條件
1	攪拌麵糰	擴展階段
	主麵糰溫度	26℃
2	基本發酵時間	60min
3	分割麵糰重量	58g
	分割麵糰個數	30
	滾圓、鬆弛	15min
	包餡、包菠蘿皮	23g
4	最後發酵時間	50min
5	上爐火溫度	190℃
	下爐火溫度	180℃
	烤焙時間	13min

特殊器具

① 包餡匙 1 根

② 切麵刀 1 把

③ 毛 刷 1 把

配方

湯種麵糰

材料	百分比	重量
湯種麵糰	10	87

主麵糰

材料	百分比	重量
高筋麵粉	100	871
糖	8	70
鹽	1	9
冰水	45	392
全蛋	17	148
即溶酵母	1.2	10
奶粉	3	26
奶油	5	44
熟芋頭	20	174
合計	210.2	1832

芋頭餡

材料	百分比	重量
熟芋頭	100	598
前一天處理		
奶油	6	37
細砂糖	15	92
合計	122	726

刷

蛋黃		100

芋頭菠蘿皮

材料名稱	百分比	重量	製作程序
糖粉	43	133	1. 糖粉、鹽、油、奶粉打發。
鹽	0.3	1	2. 蛋分次加入拌至乳化完成。
奶油	45	140	3. 麵粉過篩後，整形前在桌面
奶粉	5	14	上用手拌入麵粉，以避免麵
全蛋	27	84	粉出筋導致麵皮硬化，烤焙
熟芋頭	15	47	後不易龜裂。
低筋粉	100	308	
合計	236	726	

湯種麵糰

材料	百分比	重量	製作程序
高筋麵粉	100	47	1. 沸水沖入麵粉拌成糰。
沸水	80	38	2. 拌入其餘材料。
糖	10	5	3. 冷卻後冷藏備用。
鹽	1	0.5	
油	10	5	
奶粉	4	2	
合計	205	97	

攪拌中種麵糰 ➝ 基本發酵 ➝

攪拌主麵糰 ➝ 延續發酵 ➝

分割 ➝ 滾圓 ➝ 鬆弛 ➝

包餡（30g）➝ 放平烤盤 ➝

最後發酵 ➝ 烤焙 ➝ 出爐

臺式特色甜麵包（結合

隔夜冷藏中種法與湯種法）

	製程	條件
中種	攪拌麵糰	成糰階段
	基本發酵麵糰 25℃時間	1 小時
	冷藏發酵 4℃時間	16 小時
1	攪拌麵糰	擴展階段
	主麵糰溫度	26℃
2	延續發酵時間	60min
3	分割麵糰重量	60g
	分割麵糰個數	45
	滾圓、鬆弛	15min
	包餡	30g
4	最後發酵時間	30min
5	上爐火溫度	200℃
	下爐火溫度	180℃
	烤焙時間	13min

特殊器具

① 包餡匙　1 根

② 擀麵棍　1 根

③ 切麵刀　1 把

配 方

中種麵糰

材料	百分比	重量
高筋麵粉	55	712
低筋麵粉	15	194
水	42	544
即溶酵母	1	13
麥芽精 （1:1 稀釋）	0.5	6
小計	113.5	1470

湯種麵糰

湯種麵糰	10	129

主麵糰

材料	百分比	重量
高筋麵粉	30	388
糖	20	259
鹽	1	13
冰水	10	129
全蛋	10	129
奶粉	4	52
奶油	10	129
合計	208.5	2700

湯種麵糰

材料名稱	百分比	重量	製作程序
高筋麵粉	100	70	1. 沸水沖入麵粉拌成糰。
沸水	80	56	2. 拌入其餘材料。
糖	10	7	3. 冷卻後冷藏備用。
鹽	1	0.78	
油	10	7	
奶粉	4	3	
合計	205	144	

甜麵包餡料

椰子餡

材料名稱	百分比	重量	製作程序
奶油	30	50	1. 糖油拌合。
細砂糖	100	167	2. 蛋分次拌入。
蛋	40	67	3. 拌入椰子粉（可做4種造型：心型、兩相好、竹筍、幸運草）。
椰子粉	100	167	
合計	270	450	

蔥花肉鬆餡

材料名稱	百分比	重量	製作程序
肉脯	20	59	1. 烤焙前麵糰先刷蛋液。
鹽	1	3	2. 鋪上肉脯。
青蔥	50	148	3. 鋪上已拌勻鹽、青蔥、白胡椒、沙拉醬、雞蛋（鋪之前再拌，否則青蔥遇鹽會出水）。
白胡椒	1	3	
沙拉醬	32	95	4. 擠上沙拉醬。
雞蛋	10	30	
沙拉醬	38	113	
合計	152	450	

洋蔥鮪魚餡

材料名稱	百分比	重量	製作程序
鮪魚罐頭	100	150	1. 麵糰輕拍成圓餅狀
乳酪絲	100	150	2. 先放 10g 乳酪絲
洋蔥切絲	100	150	3. 放 10g 鮪魚
黑胡椒	少許	少許	4. 鋪上約 10g 洋蔥絲
義式香料	少許	少許	5. 灑上黑胡椒、義式香料
合計	300	450	

My recipes

製程

攪拌麵糰 → 基本發酵 →
分割 → 滾圓 → 鬆弛 →
整型 → 放入烤模 →
最後發酵（約 7~8 分滿）→
表面噴水 → 烤焙 → 出爐

第二節 圓頂奶油土司（直接法）

	製程	條件
1	攪拌麵糰	完成階段
	主麵糰溫度	26℃
2	基本發酵時間	60min
3	分割麵糰重量	560g
	分割麵糰個數	4
	滾圓、鬆弛	15min
	整型	
4	最後發酵時間	50min
	烤焙	
5	上爐火溫度	150℃
	下爐火溫度	210℃
	烤焙時間	40min

特殊器具

① 12 兩烤模　4 根
② 擀麵棍　　1 根
③ 切麵刀　　1 把
④ 噴水器　　1 把

配 方

主麵糰

材料	百分比	重量
高筋麵粉	100	1246
糖	10	125
鹽	1	12
冰水	53	661
全蛋	10	125
即溶酵母	1.2	15
奶粉	4	50
奶油	10	125
合計	189.2	2358

攪拌麵糰 ⟶ 基本發酵 ⟶

分割 ⟶ 滾圓 ⟶ 鬆弛 ⟶

整型 ⟶ 放入烤模 ⟶

最後發酵（約 8~9 分滿）⟶

表面噴水 ⟶ 烤焙 ⟶ 出爐

圓頂葡萄乾土司（直接法）

	製程	條件
1	攪拌麵糰	完成階段
	主麵糰溫度	26℃
2	基本發酵時間	60min
3	分割麵糰重量	560g
	分割麵糰個數	4
	滾圓、鬆弛	15min
	整型	
4	最後發酵時間	50min
5	烤焙	
	上爐火溫度	150℃
	下爐火溫度	210℃
	烤焙時間	40min

特殊器具

① 12 兩烤模　4 根

② 擀麵棍　　1 根

③ 切麵刀　　1 把

④ 噴水器　　1 把

配 方

主麵糰

材料	百分比	重量
高筋麵粉	100	1101
糖	10	110
鹽	1	11
冰水	53	583
全蛋	10	110
即溶酵母	1.2	13
奶粉	4	44
奶油	10	110
葡萄乾	25	275
合計	214.2	2358

攪拌麵糰 ↣ 基本發酵 ↣

分割 ↣ 滾圓 ↣ 鬆弛 ↣

整型 ↣ 放入烤模 ↣

最後發酵（約 7 ～ 8 分滿） ↣

表面噴水 ↣ 烤焙 ↣ 出爐

山形白土司（直接法）

	製程	條件
1	攪拌麵糰	完成階段
	主麵糰溫度	26℃
2	基本發酵時間	60min
	分割麵糰重量	180g
	分割麵糰個數	15
3	滾圓、鬆弛	15min
	整型	
4	最後發酵時間	50min
	烤焙	
5	上爐火溫度	150℃
	下爐火溫度	210℃
	烤焙時間	50min

特殊器具

① 24 兩烤模	3 個
② 擀麵棍	1 根
③ 切麵刀	1 把
④ 噴水器	1 把

配 方

主麵糰

材料	百分比	重量
高筋麵粉	100	1530
糖	8	122
鹽	1.5	23
冰水	63	964
即溶酵母	1.2	18
奶粉	4	61
白油	8	122
合計	185.7	2842

製 程

攪拌麵糰 → 基本發酵 →
分割 → 滾圓 → 鬆弛 →
整型 → 放入烤模 →
最後發酵（約十分滿）→
表面噴水 → 烤焙 → 出爐

計算：

分割麵糰重：450÷0.9÷2 = 250 克

PS：蜜紅豆可以先與手粉乾拌，讓
　　紅豆分散。

雙峰紅豆土司（直接法）

	製程	條件
1	攪拌麵糰	完成階段
	主麵糰溫度	26℃
2	基本發酵時間	60min
3	分割麵糰重量	250g
	分割麵糰個數	6
	滾圓、鬆弛	15min
	整型	
4	最後發酵時間	60min
5	上爐火溫度	150℃
	下爐火溫度	210℃
	烤焙時間	40min

特殊器具

① 12 兩烤模　3 個
② 擀麵棍　　1 根
③ 切麵刀　　1 把
④ 噴水器　　1 把

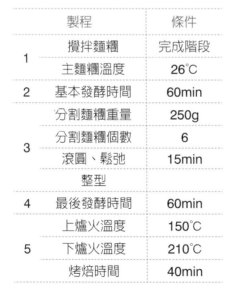

配 方

主麵糰

材料	百分比	重量
高筋麵粉	100	652
糖	15	98
鹽	1	7
冰水	53	346
全蛋	10	65
即溶酵母	1.2	8
奶粉	4	26
奶油	8	52
蜜紅豆	50	326
合計	242.2	1579

攪拌中種麵糰 → 基本發酵 →
攪拌主麵糰 → 延續發酵 →
分割 → 滾圓 → 鬆弛 →
整型 → 放入烤模 →
最後發酵（約十分滿）→
表面噴水 → 烤焙 → 出爐

計算：
分割麵糰重 450 ÷ 0.9 ÷ 2 = 250
PS：主麵糰攪拌，無花果醬一開
　　始即拌入麵粉。

雙峰紅酒無花果土司（隔夜冷藏中種法）

	製程	條件
中種麵糰	攪拌麵糰	成糰階段
	基本發酵麵糰 25℃時間	1 小時
	冷藏發酵 4℃時間	16 小時
1	攪拌麵糰	麵糰光滑
	主麵糰溫度	26℃
2	延續發酵時間	60min
3	分割麵糰重量	250g
	分割麵糰個數	6
	滾圓、鬆弛	15min
	整型	
4	最後發酵時間	50min
5	上爐火溫度	150℃
	下爐火溫度	220℃
	烤焙時間	35min

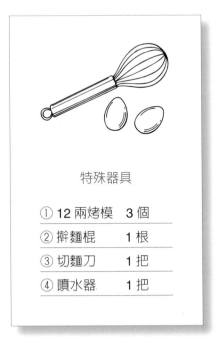

特殊器具

① 12 兩烤模　3 個
② 擀麵棍　　1 根
③ 切麵刀　　1 把
④ 噴水器　　1 把

中種麵糰

材料	百分比	重量
高筋麵粉	70	540
水	44	340
即溶酵母	0.8	6
麥芽精 （1:1 稀釋）	0.8	4
小計	115.3	890

主麵糰

材料	百分比	重量
高筋麵粉	30	232
糖	4	31
鹽	1.3	10
奶油	4	31
無花果醬	50	386
合計	204.6	1579

無花果醬

材料	百分比	重量
無花果乾	100	208
細砂糖	12	25
紅葡萄酒	140	292
合計	252	525

無花果乾先切丁再與糖、酒一起煮
到濃稠狀冰鎮冷卻，備用。

製 程

攪拌中種麵糰 ⇢ 基本發酵 ⇢

攪拌主麵糰 ⇢ 延續發酵 ⇢

分割 ⇢ 滾圓 ⇢ 鬆弛 ⇢

整型 ⇢ 放入烤模 ⇢

最後發酵（約十分滿）⇢

表面噴水 ⇢ 烤焙 ⇢ 出爐

計算：

分割麵糰重 450÷0.9÷2 = 250

地瓜土司（隔夜冷藏中種法）

	製程	條件
中種麵糰	攪拌麵糰	成糰階段
	基本發酵麵糰 25℃時間	1 小時
	冷藏發酵 4℃時間	16 小時
1	攪拌麵糰	完成階段
	主麵糰溫度	26℃
2	延續發酵時間	60min
3	分割麵糰重量	250g
	分割麵糰個數	6
	滾圓、鬆弛	15min
	整型	
4	最後發酵時間	50min
5	上爐火溫度	150℃
	下爐火溫度	220℃
	烤焙時間	35min

特殊器具

① 12 兩烤模　3 個

② 擀麵棍　　1 根

③ 切麵刀　　1 把

④ 噴水器　　1 把

配方

中種麵糰

材料	百分比	重量
高筋麵粉	70	505
水	44	315
即溶酵母	0.5	4
麥芽精 （1:1 稀釋）	0.5	4
小計	115	830

主麵糰

高筋麵粉	30	216
即溶酵母	0.3	2
冰水	19	137
糖	3	22
鹽	1.5	11
蜜地瓜丁	50	361
合計	218.8	1579

攪拌麵糰 → 基本發酵 →

分割 → 滾圓 → 鬆弛 →

整型 → 放入烤模 →

最後發酵 → 加蓋 →

烤焙 → 出爐

計算：

分割麵糰重：900 ÷ 0.90 ÷ 5 = 200

帶蓋白土司（直接法）

	製程	條件
1	攪拌麵糰	完成階段
	主麵糰溫度	26℃
2	基本發酵時間	60min
3	分割麵糰重量	200g
	分割麵糰個數	15
	滾圓、鬆弛	15min
	整型	
4	最後發酵時間	50min
5	上爐火溫度	210℃
	下爐火溫度	210℃
	烤焙時間	45min

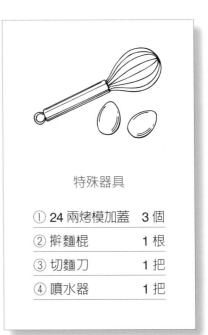

特殊器具

① 24 兩烤模加蓋	3 個
② 擀麵棍	1 根
③ 切麵刀	1 把
④ 噴水器	1 把

主麵糰

材料	百分比	重量
高筋麵粉	100	1777
糖	4	71
鹽	1.5	27
冰水	53	942
全蛋	10	178
即溶酵母	1.2	21
奶粉	4	71
白油	4	71
合計	177.7	3158

製程

攪拌中種麵糰 → 基本發酵 →

攪拌主麵糰 → 延續發酵 →

分割 → 滾圓 → 鬆弛 →

整型 → 放入烤模 →

最後發酵（約八分滿）→

表面噴水，上蓋 → 烤焙 →

出爐

胚芽豆漿土司（隔夜冷藏中種法）

	製程	條件
中種	攪拌麵糰	成糰階段
	基本發酵麵糰 25℃時間	1 小時
	冷藏發酵 4℃時間	16 小時
1	攪拌麵糰	完成階段
	主麵糰溫度	26℃
2	基本發酵時間	60min
3	分割麵糰重量	200g
	分割麵糰個數	15
	滾圓、鬆弛	15min
	整型	
4	最後發酵時間	50min
5	上爐火溫度	210℃
	下爐火溫度	210℃
	烤焙時間	45min

特殊器具

① 24 兩烤模加蓋	3 個
② 擀麵棍	1 根
③ 切麵刀	1 把
④ 噴水器	1 把

中種麵糰

材料	百分比	重量
高筋麵粉	70	1183
無糖豆漿	47	795
即溶酵母	0.8	14
麥芽精 （1:1 稀釋）	0.5	8
小計	118.3	2000

主麵糰

高筋麵粉	24	406
胚芽	6	101
細砂糖	4	68
奶粉	4	68
鹽	1.5	25
無糖豆漿	12	203
全蛋	13	220
奶油	4	38
合計	186.8	3158

攪拌中種麵糰 ⇢ 基本發酵 ⇢

攪拌主麵糰 ⇢ 延續發酵 ⇢

分割 ⇢ 滾圓 ⇢ 鬆弛 ⇢

整型 ⇢ 放入烤模 ⇢

最後發酵（約七分滿）⇢

表面噴水，上蓋 ⇢ 烤焙 ⇢

出爐

PS：配方烤焙彈性很強，因此約
7 分滿即可入爐。

Mascarpone Cheese 土司（隔夜冷藏中種法）

	製程	條件
中種	攪拌麵糰	成糰階段
	基本發酵麵糰 25℃時間	1 小時
	冷藏發酵 4℃時間	16 小時
1	攪拌麵糰	完成階段
	主麵糰溫度	26℃
2	基本發酵時間	60min
3	分割麵糰重量	200g
	分割麵糰個數	15
	滾圓、鬆弛	15min
	整型	
4	最後發酵時間	50min
5	上爐火溫度	210℃
	下爐火溫度	210℃
	烤焙時間	45min

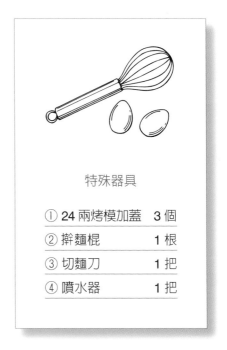

特殊器具

① 24 兩烤模加蓋　3 個
② 擀麵棍　　　　　1 根
③ 切麵刀　　　　　1 把
④ 噴水器　　　　　1 把

中種麵糰

材料	百分比	重量
高筋麵粉	70	1183
Mascarpone Cheese	25	422
水	25	422
即溶酵母	0.8	14
麥芽精（1:1 稀釋）	0.5	8
小計	121.3	2050

主麵糰

高筋麵粉	30	507
細砂糖	4	68
奶粉	1	17
鹽	1.6	27
冰水	15	253
全蛋	10	169
奶油	4	68
合計	186.9	3158

製 程

攪拌麵糰（全麥麵粉先過篩取出麩皮泡水，等攪拌快完成前再加入拌勻） ⇢

基本發酵 ⇢ 分割 ⇢ 滾圓 ⇢

鬆弛 ⇢ 整型 ⇢ 放入烤模 ⇢

最後發酵（約八、九分滿） ⇢

表面噴水，上蓋 ⇢ 烤焙 ⇢

出爐

計算：

分割麵糰重 1000 ÷ 0.90 ÷ 5 = 222 克

帶蓋全麥土司（直接法）

	製程	條件
1	攪拌麵糰	擴展階段
	主麵糰溫度	26℃
2	基本發酵時間	60min
3	分割麵糰重量	222g
	分割麵糰個數	15
	滾圓、鬆弛	15min
	整型	
4	最後發酵時間	50min
5	上爐火溫度	210℃
	下爐火溫度	210℃
	烤焙時間	45min

特殊器具

① 24 兩烤模加蓋	3 個
② 擀麵棍	1 根
③ 切麵刀	1 把
④ 噴水器	1 把

配 方

主麵糰

材料	百分比	重量
高筋麵粉	50	925
全麥麵粉	50	925
紅糖	10	185
鹽	1.5	28
冰水	55	1017
全蛋	10	185
即溶酵母	1.2	22
奶粉	4	74
奶油	8	148
合計	189.7	3509

製 程

攪拌中種麵糰 → 基本發酵 →

攪拌主麵糰 → 延續發酵 →

分割 → 滾圓 → 鬆弛 →

整型 → 放入烤模 →

最後發酵（約九分滿）→

表面噴水，上蓋 → 烤焙 →

出爐

PS：香蕉切碎打入麵糰。

麩皮香蕉優格土司（隔夜冷藏中種法）

	製程	條件
中種	攪拌麵糰	成糰階段
	基本發酵麵糰 25℃時間	1 小時
	冷藏發酵 4℃時間	16 小時
1	攪拌麵糰	擴展階段
	主麵糰溫度	26℃
2	基本發酵時間	60min
3	分割麵糰重量	222g
	分割麵糰個數	15
	滾圓、鬆弛	15min
	整型	
4	最後發酵時間	50min
5	上爐火溫度	210℃
	下爐火溫度	210℃
	烤焙時間	45min

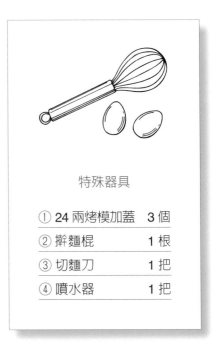

特殊器具

① 24 兩烤模加蓋　3 個
② 擀麵棍　　　　　1 根
③ 切麵刀　　　　　1 把
④ 噴水器　　　　　1 把

中種麵糰

材料	百分比	重量
高筋麵粉	50	889
優格	20	356
水	12	213
即溶酵母	0.8	14
麥芽精（1:1 稀釋）	0.5	9
小計	83.3	1481

主麵糰

材料	百分比	重量
麩皮	15	267
高筋麵粉	35	622
黑糖粉	10	178
鹽	1	18
冰水	17	302
熟香蕉（芝麻蕉）	20	356
全蛋	10	178
奶油	6	107
合計	197.3	3509

製程

攪拌中種麵糰 →→ 基本發酵 →→

攪拌主麵糰 →→ 延續發酵 →→

分割 →→ 滾圓 →→ 鬆弛 →→

整型 →→ 放入烤模 →→

最後發酵（約九分滿）→→

表面噴水，上蓋 →→ 烤焙 →→

出爐

PS：胡桃烤過，切碎。

全麥核桃穀類土司（隔夜冷藏中種法）

	製程	條件
中種	攪拌麵糰	成糰階段
	基本發酵麵糰 25℃時間	1 小時
	冷藏發酵 4℃時間	16 小時
1	攪拌麵糰	擴展階段
	主麵糰溫度	26℃
2	基本發酵時間	60min
3	分割麵糰重量	222g
	分割麵糰個數	15
	滾圓、鬆弛	15min
	整型	
4	最後發酵時間	50min
5	上爐火溫度	210℃
	下爐火溫度	210℃
	烤焙時間	45min

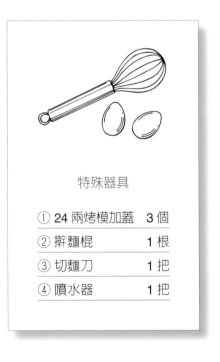

特殊器具

① 24 兩烤模加蓋　3 個

② 擀麵棍　　　　　1 根

③ 切麵刀　　　　　1 把

④ 噴水器　　　　　1 把

中種麵糰

材料	百分比	重量
高筋麵粉	50	871
水	31	540
即溶酵母	0.8	14
麥芽精（1:1 稀釋）	0.5	9
小計	82.3	1433

主麵糰

材料	百分比	重量
全麥麵粉	50	871
二砂糖	10	174
鹽	1.2	21
冰水	21	366
核桃	20	348
奶粉	2	35
全蛋	10	174
奶油	5	87
合計	201.5	3509

攪拌麵糰 → 桌上鬆弛 → 壓平 →

冷凍（硬度如裹油） → 裹油 →

壓延 → 三折 → 壓延（轉向） →

三折 → 冷凍鬆弛（約 30 分鐘）→

壓延 → 三折 → 壓延（轉向）→

三折 → 壓延（轉向）→

冷凍鬆弛（約 30 分鐘）→

壓延（寬 35cm × 厚 1.5cm）→

切割（長 35cm × 寬 2.5cm × 厚 1.5cm）→

打辮 → 放入烤模 →

最後發酵（約 30℃，無溼度）→

刷蛋水 → 烤焙 → 出爐

第三節 三辮丹麥土司（直接法）　裹油類麵包

	製程	條件
1	攪拌麵糰	捲起階段
	主麵糰溫度	18℃
2	鬆弛時間	15min
3	整型（3 折 4 次）	
4	分割麵糰重量	360g
	分割麵糰個數	6
5	最後發酵時間	50min
6	上爐火溫度	150℃
	下爐火溫度	210℃
	烤焙時間	40min

特殊器具

① 蛋糕烤模　6 個

② 大擀麵棍　1 根

③ 西點刀　1 把

④ 大刷子　1 把

⑤ 大直尺　1 把

主麵糰

材料	百分比	重量
高筋麵粉	80	774
低筋麵粉	20	194
糖	15	145
鹽	1	10
冰水	45	435
全蛋	15	145
即溶酵母	2	19
奶粉	4	39
奶油	6	58
小計	**188**	
裹入油	47	455
合計	**235**	**2274**

刷

材料	百分比	重量
蛋水		50

攪拌麵糰 → 桌上鬆弛 → 壓平 →

冷凍（硬度如裹油）→ 裹油 →

壓延 → 三折 → 壓延（轉向）→

三折 → 冷凍鬆弛（約 30 分鐘）→

壓延 → 三折 → 壓延（轉向）→

三折 → 壓延（轉向）→

冷凍鬆弛（約 30 分鐘）→

壓延（寬 35cm × 厚 1.5cm）→

切割（長 35cm × 寬 2.5cm × 厚 1.5cm）→

打辮 → 放入烤模 →

最後發酵（約 30℃，無溼度）→

刷蛋水 → 入爐前灑珍珠糖 →

烤焙 → 出爐

蘋果牛奶三辮丹麥土司（直接法）

	製程	條件
1	攪拌麵糰	捲起階段
	主麵糰溫度	18℃
2	鬆弛時間	15min
3	整型（3 折 4 次）	
4	分割麵糰重量	360g
	分割麵糰個數	6
5	最後發酵時間	50min
	上爐火溫度	150℃
6	下爐火溫度	210℃
	烤焙時間	40min

特殊器具

① 水果蛋糕烤模　6 個

② 大擀麵棍　1 根

③ 西點刀　1 把

④ 刷子　1 把

⑤ 大直尺　1 把

主麵糰		
材料	百分比	重量
高筋麵粉	80	784
低筋麵粉	20	196
糖	10	98
鹽	1	10
蘋果調味牛奶	50	490
全蛋	15	147
即溶酵母	1.5	15
奶粉	2	20
奶油	6	59
小計	185.5	1819
裹入油	46.4	455
合計	231.9	2274

灑		
材料	百分比	重量
細珍珠糖		30

攪拌麵糰 → 桌上鬆弛 → 壓平 →

冷凍（硬度如裹油） → 裹油 →

壓延 → 三折 → 壓延（轉向） →

三折 → 冷凍鬆弛（約 30 分鐘） →

壓延 → 三折 → 壓延（轉向） →

三折 → 壓延（轉向） →

冷凍鬆弛（約 30 分鐘） →

壓延（寬 35cm × 厚 1.5cm） →

切割（長 35cm × 寬 2.5cm × 厚 1.5cm） →

打辮 → 放入烤模 →

最後發酵（約 30℃，無溼度） →

刷蛋水 → 入爐前灑珍珠糖 →

烤焙 → 出爐

南瓜三辮丹麥土司（直接法）

	製程	條件
1	攪拌麵糰	捲起階段
	主麵糰溫度	18℃
2	鬆弛時間	15min
3	整型（3 折 4 次）	
4	分割麵糰重量	360g
	分割麵糰個數	6
5	最後發酵時間	50min
6	上爐火溫度	150℃
	下爐火溫度	210℃
	烤焙時間	40min

特殊器具

① 水果蛋糕烤模	6	個
② 大擀麵棍	1	根
③ 西點刀	1	把
④ 刷子	1	把
⑤ 大直尺	1	把

主麵糰

材料	百分比	重量
高筋麵粉	90	882
低筋麵粉	10	98
糖	11	108
鹽	1	10
冰水	24	235
南瓜泥	25	245
全蛋	15	147
即溶酵母	1.5	15
玉桂粉	0.1	1
奶粉	2	20
奶油	6	59
小計	**185.6**	**1819**
裹入油	46.4	455
合計	**232.0**	**2274**

灑

材料	百分比	重量
細珍珠糖		30

製 程

攪拌麵糰 ⇢⇢ 桌上鬆弛 ⇢⇢ 壓平 ⇢⇢

冷凍（硬度如裹油）⇢⇢ 裹油 ⇢⇢

壓延 ⇢⇢ 三折 ⇢⇢ 壓延（轉向）⇢⇢

三折 ⇢⇢ 冷凍鬆弛（約 30 分鐘）⇢⇢

壓延 ⇢⇢ 三折壓延 ⇢⇢ 三折 ⇢⇢

冷凍鬆弛 ⇢⇢ 壓延（寬 36cm× 厚 0.3cm）⇢⇢

切割（三角形底 12cm× 高 18cm× 厚 0.3cm，重 47 克）⇢⇢

放入烤模 ⇢⇢ 刷蛋水 ⇢⇢

最後發酵（約 30℃無溼度）⇢⇢

刷蛋水 ⇢⇢ 烤焙 ⇢⇢ 出爐

半月形牛角麵包（直接法）

	製程	條件
1	攪拌麵糰	捲起階段
	主麵糰溫度	18℃
2	鬆弛時間	15min
3	整型（3 折 4 次）	
4	分割麵糰重量	47g
5	分割麵糰個數	30
6	最後發酵時間	50min
7	上爐火溫度	200℃
	下爐火溫度	180℃
	烤焙時間	20min

特殊器具

①	大擀麵棍	1 根
②	車輪刀	1 把
③	蛋刷	1 把
④	麵粉刷	1 把
⑤	大直尺	1 把

配 方

主麵糰 材料	百分比	重量
高筋麵粉	70	434
低筋麵粉	30	186
糖	10	62
鹽	1	6
冰水	47	292
全蛋	12	74
即溶酵母	2	12
奶粉	4	25
奶油	8	50
小計	184	
裹入油	55.2	343
合計	239.2	1484

刷 材料	百分比	重量
蛋水		100

計算：

分割麵糰重：40÷0.85 = 47 克

28 個之切割前長度：7×12 + 6 = 90 公分

30 個之切割前長度：8×12 = 96 公分

32 個之切割前長度：8×12 + 6 = 102 公分

出爐後刷牛角之糖水：

25 克糖與 25 克水煮溶，加 12 克蜂蜜，冷卻後加 5 克白蘭地

攪拌麵糰 → 桌上鬆弛 → 壓平 →

冷凍（硬度如裹油） → 裹油 →

壓延 → 三折 → 壓延（轉向） →

三折 → 冷凍鬆弛（約 30 分鐘） →

壓延 → 三折壓延 → 冷凍鬆弛 →

壓延（寬 36cm× 厚 0.3cm） →

切割（三角形底 12cm× 高 18cm× 厚 0.3cm，重 47 克） →

放入烤模 → 刷蛋水

最後發酵（約 30℃，無溼度） →

刷蛋水 → 烤焙 → 出爐

馬鈴薯培根可頌（直接法）

	製程	條件
1	攪拌麵糰	捲起階段
	主麵糰溫度	18℃
2	鬆弛時間	15min
3	整型（3 折 4 次）	
4	分割麵糰重量	47g
5	分割麵糰個數	30
6	最後發酵時間	50min
7	上爐火溫度	200℃
	下爐火溫度	180℃
	烤焙時間	25min

特殊器具

① 大擀麵棍　1 根

② 車輪刀　1 把

③ 蛋刷　1 把

④ 麵粉刷　1 把

⑤ 大直尺　1 把

配 方

主麵糰

材料	百分比	重量
高筋麵粉	90	542
低筋麵粉	10	60
馬鈴薯泥	25	151
糖	10	60
鹽	1	6
冰水	38	229
全蛋	12	72
即溶酵母	2	12
奶粉	4	24
奶油	8	48
小計	200	1205
裹入油	60	362
合計	260	1567

材料	百分比	重量
培根（條）		10 條

製程

攬拌麵糰 → 桌上鬆弛 → 壓平 →

冷凍（硬度如裹油） → 裹油 →

壓延 → 三折 → 壓延（轉向） →

三折 → 冷凍鬆弛（約 30 分鐘） →

壓延 → 三折壓延 → 冷凍鬆弛 →

壓延（寬 36cm × 厚 0.3cm） →

切割（三角形底 12cm × 高 18cm × 厚 0.3cm，重 47 克） →

放入烤模 → 刷蛋水 →

最後發酵（約 30℃，無溼度） →

刷蛋水 → 烤焙 → 出爐

迷迭香起士可頌（直接法）

	製程	條件
1	攬拌麵糰	捲起階段
	主麵糰溫度	18℃
2	鬆弛時間	15min
3	整型（3 折 4 次）	
4	分割麵糰重量	47g
5	分割麵糰個數	30
6	最後發酵時間	50min
7	上爐火溫度	200℃
	下爐火溫度	180℃
	烤焙時間	25min

特殊器具

① 大擀麵棍　1 根
② 車輪刀　　1 把
③ 蛋刷　　　1 把
④ 麵粉刷　　1 把
⑤ 大直尺　　1 把

主麵糰

材料	百分比	重量
高筋麵粉	85	543
低筋麵粉	15	96
帕瑪森起士粉	8	49
迷迭香粉	0.8	5
糖	10	64
鹽	1	6
冰水	47	301
全蛋	12	79
即溶酵母	2	13
奶油	8	49
小計	189	1205
裹入油	56.6	362
合計	245.1	1567

材料	百分比	重量
帕瑪森起士粉		50

折第三折前灑入麵糰

製程

攪拌麵糰 → 桌上鬆弛（約 15min）→

壓平 → 冷凍（硬度如裹油）→

裹油 → 壓延 → 三折 →

壓延（轉向）→ 三折 →

壓延（轉向）→ 三折 →

冷藏鬆弛（約 30 分鐘）→

壓延（長 66cm× 寬 55cm× 厚 0.3cm）→

鬆弛（約 15 分鐘）→

切割（正方形每個 11×11cm）→

鬆弛（約 20 分鐘）→

鋪於已完成八分發之最後發酵麵糰上（麵糰先刷蛋水或噴水）→

起酥皮先刷蛋水 →

烤焙（至起酥皮酥脆）→ 出爐

PS：起酥皮三折三次即可。

起酥甜麵包（直接法）

	製程	條件
1	攪拌麵糰	擴展階段
	主麵糰溫度	26℃
2	基本發酵時間	60min
3	分割麵糰重量	49g
	分割麵糰個數	30
4	滾圓、鬆弛	15min
5	包餡	20g
6	最後發酵時間	40min
7	蓋上起酥皮	
8	上爐火溫度	200℃
	下爐火溫度	關掉
	烤焙時間	20min

特殊器具

① 大擀麵棍　1 根

② 車輪刀　　1 把

③ 蛋刷　　　1 把

④ 麵粉刷　　1 把

⑤ 大直尺　　1 把

主麵糰				起酥皮		
材料	百分比	重量		材料	百分比	重量
高筋麵粉	85	664		高粉	80	303
低筋麵粉	15	117		低粉	20	76
糖	20	156		冰水	60	227
鹽	1	8		鹽	1	4
冰水	52	406		砂糖	4	15
全蛋	10	78		白油	10	38
即溶酵母	1.2	9		裹入油	80	303
奶粉	4	31		**合計**	255	967
奶油	10	78				
合計	198.2	1547				
蜜紅豆		600				

計算

分割：麵　糰：90÷0.92÷12×6.0 = 49　蜜紅豆：90÷0.92÷12×2.5 = 20
　　　起酥皮：90÷0.92÷12×3.5 = 29

起酥皮總長度

28 個之切割前長度：7×11 = 77 ；寬度：4×11 = 44
30 個之切割前長度：6×11 = 66 ；寬度：5×11 = 55
32 個之切割前長度：8×11 = 88 ；寬度：4×11 = 44

攪拌麵糰 → 桌上鬆弛（約 15min）→

壓平 → 冷凍（硬度如裹油）→

裹油 → 壓延 → 三折 →

壓延（轉向）→ 三折 →

壓延（轉向）→ 三折 →

冷藏鬆弛（約 30 分鐘）→

壓延（長 66cm× 寬 55cm× 厚 0.3cm）→

鬆弛（約 15 分鐘）→

切割（正方形每個 11×11cm）→

鬆弛（約 20 分鐘）→

鋪於已完成八分發之最後發酵麵糰上（麵糰先刷蛋水或噴水）→

起酥皮先刷蛋水 →

烤焙（至起酥皮酥脆）→ 出爐

肉鬆培根洋蔥起酥甜麵包（湯種法）

	製程	條件
1	攪拌麵糰	擴展階段
	主麵糰溫度	26℃
2	基本發酵時間	60min
3	分割麵糰重量	49g
	分割麵糰個數	30
4	滾圓、鬆弛	15min
5	包餡	20g
6	最後發酵時間	40min
7	蓋上起酥皮	
8	上爐火溫度	200℃
	下爐火溫度	150℃
	烤焙時間	20min

特殊器具

① 大擀麵棍　1 根
② 車輪刀　　1 把
③ 蛋刷　　　1 把
④ 麵粉刷　　1 把
⑤ 大直尺　　1 把

配方

湯種麵糰

材料	百分比	重量
湯種麵糰	10	77

主麵糰

材料	百分比	重量
高筋麵粉	80	617
低筋麵粉	20	154
糖	15	116
鹽	1.5	12
冰水	50	385
全蛋	10	77
即溶酵母	1.2	9
奶粉	3	23
奶油	10	77
合計	**200.7**	**1547**

餡

材料	百分比	重量
肉鬆	100	250
培根（片）	3.2	8 片
培根每組（1/4 包）		
洋蔥（粒）	0.1	1 粒

洋蔥切丁，與切碎培根一起炒到金黃色。

材料	百分比	重量
合計	**103.3**	**600**

起酥皮

材料	百分比	重量
高粉	80	303
低粉	20	76
冰水	60	227
鹽	1	4
砂糖	4	15
奶油	10	38
裹入油	80	303
合計	**255**	**967**

湯種麵糰

材料名稱	百分比	重量	製作程序
高筋麵粉	100	42	1. 沸水沖入麵粉拌成糰。
沸水	80	33	2. 拌入其餘材料。
糖	10	4	3. 冷卻後冷藏備用。
鹽	1	0.4	
油	10	4	
奶粉	4	2	
合計	**205**	**86**	

攪拌麵糰 ⇢ 桌上鬆弛（約 15min）⇢

壓平 ⇢ 冷凍（硬度如裹油）⇢

裹油 ⇢ 壓延 ⇢ 三折 ⇢

壓延（轉向）⇢ 三折 ⇢

壓延（轉向）⇢ 三折 ⇢

冷藏鬆弛（約 30 分鐘）⇢

壓延（長 66cm× 寬 55cm× 厚 0.3cm）⇢

鬆弛（約 15 分鐘）⇢ 切割（正方形每個 11×11cm）⇢

鬆弛（約 20 分鐘）⇢

鋪於已完成八分發之最後發酵麵糰上（麵糰先刷蛋水或噴水）⇢

起酥皮先刷蛋水 ⇢

烤焙（至起酥皮酥脆）⇢ 出爐

鮪魚洋蔥起酥甜麵包（湯種法）

	製程	條件
1	攪拌麵糰	擴展階段
	主麵糰溫度	26℃
2	基本發酵時間	60min
3	分割麵糰重量	49g
	分割麵糰個數	30
4	滾圓、鬆弛	15min
5	包餡	20g
6	最後發酵時間	40min
7	蓋上起酥皮	
8	上爐火溫度	200℃
	下爐火溫度	150℃
	烤焙時間	20min

特殊器具

① 大擀麵棍　1 根

② 車輪刀　　1 把

③ 蛋刷　　　1 把

④ 麵粉刷　　1 把

⑤ 大直尺　　1 把

配方

湯種麵糰

材料	百分比	重量
湯種麵糰	10	77

主麵糰

材料	百分比	重量
高筋麵粉	80	617
低筋麵粉	20	154
糖	15	116
鹽	1.5	12
冰水	50	385
全蛋	10	77
即溶酵母	1.2	9
奶粉	3	23
奶油	10	77
合計	200.7	1547

餡

材料	百分比	重量
鮪魚罐頭	250	364

鮪魚罐頭之汁液濾掉。

材料	百分比	重量
鹽	2	3
白胡椒	少許	少許
洋蔥	100	146

洋蔥切丁，炒到金黃色。

材料	百分比	重量
沙拉醬	60	87
合計	412	600

所有材料拌勻即可。

起酥皮

材料	百分比	重量
高粉	80	303
低粉	20	76
冰水	60	227
鹽	1	4
砂糖	4	15
奶油	10	38
裹入油	80	303
合計	255	967

湯種麵糰

材料名稱	百分比	重量	製作程序
高筋麵粉	100	42	1. 沸水沖入麵粉拌成糰。
沸水	80	33	2. 拌入其餘材料。
糖	10	4	3. 冷卻後冷藏備用。
鹽	1	0.4	
油	10	4	
奶粉	4	2	
合計	205	86	

製程

攪拌麵糰 ▸▸ 基本發酵 ▸▸

分割 ▸▸ 滾圓 ▸▸ 鬆弛 ▸▸

冷凍 ▸▸ 整型 ▸▸

放入平烤盤 ▸▸ 最後發酵 ▸▸

表面刷蛋水 ▸▸ 烤焙 ▸▸ 出爐

六辮口訣　6→4，2→6，1→3，

　　　　　5→1

五辮口訣　2→3，5→2，1→3

四辮口訣　2→3，4→2，1→3

PS：沙拉油一開始時即拌入麵糰。

第四節　其他麵包

辮子麵包（直接法）

	製程	條件
1	攪拌麵糰	擴展階段
	主麵糰溫度	26℃
2	基本發酵時間	60min
3	分割麵糰重量	100g
	分割麵糰個數	30
4	滾圓、鬆弛	
5	冷凍	15min
6	整型	
7	最後發酵時間	30min
8	上爐火溫度	160℃
	下爐火溫度	190℃
	烤焙時間	25min

特殊器具

① 擀麵棍　1根

② 切麵刀　1把

③ 刷　子　1把

④ 大直尺　1把

主麵糰		
材料	百分比	重量
高筋麵粉	100	1638
糖	15	246
鹽	1	16
冰水	50	819
全蛋	10	164
即溶酵母	0.8	13
奶粉	4	66
奶油	6	98
沙拉油	6	98
合計	192.8	3158

刷		
材料	百分比	重量
蛋水		50

製程

攪拌中種麵糰	→	基本發酵	→
攪拌主麵糰	→	延續發酵	→
分割	→ 滾圓 →	鬆弛	→
冷凍	→ 整型 →	放入平烤盤	→
最後發酵	→	表面刷蛋水	→
烤焙	→ 出爐		

六辮口訣　6→4，2→6，1→3，
　　　　　5→1

五辮口訣　2→3，5→2，1→3

四辮口訣　2→3，4→2，1→3

蜂蜜奶油辮子麵包（隔夜冷藏中種法）

	製程	條件
中種	攪拌麵糰	成糰階段
	基本發酵麵糰 25℃時間	1小時
	冷藏發酵 4℃時間	16小時
1	攪拌麵糰	擴展階段
	主麵糰溫度	26℃
2	延續發酵時間	60min
3	分割麵糰重量	100g
	分割麵糰個數	30
4	滾圓	
5	冷凍	15min
6	整型	
7	最後發酵時間	30min
8	上爐火溫度	160℃
	下爐火溫度	190℃
	烤焙時間	25min

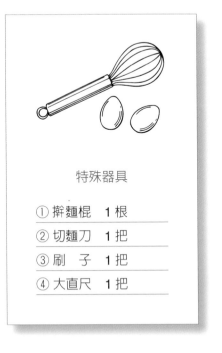

特殊器具

① 擀麵棍　1根
② 切麵刀　1把
③ 刷　子　1把
④ 大直尺　1把

配 方

中種麵糰

材料	百分比	重量
高筋麵粉	70	1203
水	42	722
即溶酵母	0.8	14
麥芽精（1:1 稀釋）	0.5	9
小計	113.3	1947

主麵糰

高筋麵粉	30	515
糖	5	86
鹽	1.5	26
蜂蜜	10	172
全蛋	10	172
奶粉	4	68
奶油	10	172
合計	183.8	3158

攪拌中種麵糰 → 基本發酵 →

攪拌主麵糰 → 延續發酵 →

分割 → 滾圓 → 鬆弛 →

冷凍 → 整型 → 放入平烤盤 →

最後發酵 → 表面刷蛋水 →

烤焙 → 出爐

六辮口訣　6 → 4，2 → 6，1 → 3，
　　　　　5 → 1

五辮口訣　2 → 3，5 → 2，1 → 3

四辮口訣　2 → 3，4 → 2，1 → 3

柚子蜂蜜奶油辮子麵包
（隔夜冷藏中種法）

	製程	條件
中種	攪拌麵糰	成糰階段
	基本發酵麵糰 25℃時間	1 小時
	冷藏發酵 4℃時間	16 小時
1	攪拌麵糰	擴展階段
	主麵糰溫度	26℃
2	延續發酵時間	60min
3	分割麵糰重量	100g
	分割麵糰個數	30
4	滾圓	
5	冷凍	15min
6	整型	
7	最後發酵時間	30min
8	上爐火溫度	160℃
	下爐火溫度	190℃
	烤焙時間	25min

特殊器具

① 擀麵棍　1 根

② 切麵刀　1 把

③ 刷　子　1 把

④ 大直尺　1 把

配 方

中種麵糰

材料	百分比	重量
高筋麵粉	70	1203
水	42	722
即溶酵母	0.8	14
麥芽精 （1:1 稀釋）	0.5	9
小計	113.3	1947

主麵糰

材料	百分比	重量
高筋麵粉	30	515
糖	5	86
鹽	1.5	26
蜂蜜	10	172
柚子醬	5	86
奶粉	4	68
全蛋	5	86
奶油	10	172
合計	183.8	3158

攪拌麵糰到成糰階段 →

壓延到表皮光滑 → 分割 →

滾圓 → 鬆弛 → 整型 →

最後發酵 → 刷奶水 → 切割 →

刷奶水 → 擠奶油 → 灑鹽 →

烤焙 → 稍著色 → 刷奶油 →

出爐 → 刷奶油

整型

圓形 → 水滴形 →

薄（愈薄愈好）→ 捲起成橄欖形

羅宋麵包（隔夜冷藏中種法）

	製程	條件
中種	攪拌麵糰	成糰階段
	基本發酵麵糰 25℃時間	1 小時
	冷藏發酵 4℃時間	16 小時
1	攪拌麵糰	擴展階段
	主麵糰溫度	26℃
2	分割麵糰重量	150g
	分割麵糰個數	16
3	滾圓、鬆弛	15min
4	整型	
5	最後發酵時間	30min
6	上爐火溫度	170℃
	下爐火溫度	150℃
	烤焙時間	35min

特殊器具

① 鋸齒刀　1 把

② 擀麵棍　1 根

③ 刷　子　1 把

配方

中種麵糰

材料	百分比	重量
高筋麵粉	24	316
糖	2	26
水	15	198
即溶酵母	0.5	7
麥芽精 （1:1 稀釋）	0.5	7
小計	42	554

主麵糰

材料	百分比	重量
高筋麵粉	76	1002
糖	13	171
鹽	1.5	20
鮮奶	15	198
蛋白	8	105
動物性鮮奶油	19	251
酵母	0.5	7
奶油	7	92
合計	182	2400

攪拌液種麵糊 ～～ 基本發酵 ～～

攪拌主麵糰 ～～ 延續發酵 ～～

分割 ～～ 滾圓 ～～ 鬆弛 ～～

包餡（20g） ～～ 放平烤盤 ～～

最後發酵 ～～ 烤焙 ～～ 出爐

日式水果乳酪（隔夜冷藏液種法）

	製程	條件
液種	基本發酵發 25℃	1 小時
	冷藏發酵	16 小時
1	麵糰溫度	26℃
2	基本發酵時間	30 分翻麵再 20 分
	基本發酵溫度	28℃
3	分割麵糰	40 克
	數量	20
4	鬆弛時間	30 分
5	包餡	30 克
6	最後發酵	50 分
7	上火爐溫	180℃
	下火爐溫	210℃
	烤焙時間	15 分

液種

材料	百分比	重量
高筋麵粉	100	116
水	100	116
低糖乾酵母	0.2	0.2
麥芽精（1:1 稀釋）	0.5	0.6
小計	200.7	233

主麵糰

液種	70	233
高筋麵粉	100	333
鹽	1.5	5
細砂糖	18	60
即溶酵母	0.7	2
水	22.5	75
奶水	15	50
蛋	15	50
奶油	10	33
合計	252.7	842

水果乳酪餡

乳酪餡

乳酪	100	255
糖粉	15	38
水果餡	50	128
3.3kg/ 桶		
合計	165	421

製 程

攪拌麵糰 ➤➤ 鬆弛 ➤➤

分割，滾圓 ➤➤ 整型 ➤➤

鬆弛 ➤➤ 水煮 ➤➤

放入平烤盤 ➤➤ 刷蛋水 ➤➤

灑白芝麻 ➤➤ 烤焙 ➤➤ 出爐

猶太麵包（貝果～Bagel）

	製程	條件
1	攪拌麵糰	擴展階段
	主麵糰溫度	28℃
2	鬆弛	20min
3	分割麵糰重量	100g
	分割麵糰個數	24
4	滾圓、鬆弛	20min
5	整型	
6	水煮時間	2min
7	灑白芝麻	
8	上爐火溫度	210℃
	下爐火溫度	180℃
	烤焙時間	20min

特殊器具

① 漏　勺　1 把

② 擀麵棍　1 根

③ 刷　子　1 把

主麵糰

材料	百分比	重量
高筋麵粉	100	1484
糖	4	59
鹽	1.5	22
水	54	802
酵母	1.3	19
奶油	2.5	37
合計	163.3	2424

水煮液

水	100	3000
麥芽糖	3	90
合計	103	3090

刷

材料	百分比	重量
全蛋	100	100

沾

芝麻	100	100

抹醬

乳酪	100	517
蜂蜜	20	103
藍莓果醬	25	129
合計	145	750

1. 酵母先浸泡於配方中少許水約 5 分鐘

2. 慢速攪拌約 6 分鐘

3. 鬆弛 10 分鐘

4. 壓延至麵糰光滑

5. 整型成粗細一致之長條圓柱狀

6. 切割

7. 墊油性紙

8. 中火蒸煮 15 分鐘

饅頭（蒸麵包）（直接法）

	製程	條件
1	攪拌麵糰	擴展階段
	主麵糰溫度	26℃
2	鬆弛時間	10min
3	分割麵糰重量	100g
	分割麵糰個數	20
	滾圓、鬆弛	15min
4	最後發酵時間	50min
5	烤焙	
	蒸爐溫度	100℃
	蒸煮時間	15min

特殊器具

① 尺　　　1 根

② 西點刀　1 把

③ 油性紙　1 把

配 方

主麵糰

材料	百分比	重量
中筋麵粉	80	950
低筋麵粉	20	237
鹽	1	12
細砂糖	12	142
奶粉	2	24
發粉	0.5	6
酵母	1	12
奶油	2	24
水	50	593
合計	168.5	2000

攪拌麵糰 ⇢ 基本發酵 ⇢ 分割 ⇢

滾圓 ⇢ 鬆弛 ⇢ 包餡（30g） ⇢

沾麵包粉 ⇢ 放平烤盤 ⇢

最後發酵 ⇢ 移至室溫風乾表面 ⇢

油炸 ⇢ 冷卻

咖哩餡

1. 洋蔥切碎，爆香，加入絞豬肉拌炒

2. 加入蘋果丁拌炒

3. 加入椰漿、水煮開

4. 加入鹽調味

5. 加入咖哩塊

6. 玉米粉先溶於水中再拌入

7. 拌入麵包粉

8. 冷卻備用

咖哩多拿滋（油炸麵包）（直接法）

	製程	條件
1	攪拌麵糰	擴展階段
2	主麵糰溫度	26℃
	基本發酵時間	60min
3	分割麵糰重量	60g
	分割麵糰個數	21
	滾圓、鬆弛	15min
4	包餡	30 克
5	沾麵包粉	
6	最後發酵時間	30min
	室溫無溼度發酵	10min
7	油炸	175℃
	油炸時間	3min

特殊器具

① 瓦斯爐	1 座
② 木匙	1 支
③ 夾子（筷子）	1 雙

主麵糰

材料	百分比	重量
高筋麵粉	90	630
低筋麵粉	10	70
鹽	1	7
細砂糖	12	84
奶粉	5	35
發粉	0.5	3
即溶酵母	1	7
全蛋	10	70
水	52	364
奶油	8	56
合計	189.5	1326

沾

材料	百分比	重量
粗麵包粉		150

炸

材料	百分比	重量
油炸油（四組共用）		3000

咖哩餡

材料	百分比	重量
洋蔥 (粒)	1	1
豬絞肉	200	160
蘋果丁	100	80
椰漿	80	64
水	400	320
鹽	4	3
咖哩塊	100	80
玉米粉	80	64
粗麵包粉	20	16
合計	985	788

攪拌液種麵糊 ➝ 基本發酵 ➝

攪拌主麵糰（2/3 水先與所有材料先攪拌，麵糰成糰後再加入其餘水）➝

延續發酵 ➝ 翻麵 ➝ 分割 ➝

最後發酵 ➝ 噴蒸氣 ➝ 烤焙 ➝

出爐 ➝ 冷卻

巧巴達（平板麵包）（隔夜室溫液種法）

	製程	條件
液種	攪拌麵糰	麵糊狀
	基本發酵麵糰 25℃	16 小時
1	攪拌麵糰	擴展階段
	主麵糰溫度	26℃
2	延續發酵	1 小時
	翻麵	30min
3	分割麵糰重量	200g
	分割麵糰個數	9
4	最後發酵 28℃時間	50min
	噴蒸氣	3 秒
5	上爐火溫度	230℃
	下爐火溫度	230℃
	烤焙時間	25min

特殊器具

① 塑膠發酵盒　1 個

　（可以 4 組合用）

② 切麵刀　　　1 把

配　方

液種麵糊

材料	百分比	重量
高筋麵粉	35	355
水	35	355
即溶酵母	0.1	1
麥芽精 （1:1 稀釋）	0.5	5
小計	70.6	717

主麵糰

材料	百分比	重量
高筋麵粉	65	660
糖	3	30
鹽	1.5	15
水	43	437
即溶酵母	0.5	5
奶油	3	30
合計	186.6	1895

製程

湯種麵糰：

水、糖、鹽、奶油先一起煮沸再加入奶水再繼續煮沸沖入麵粉拌勻平常可以大量製備，分裝後冷凍。

主麵糰：

攪拌麵糰 → 基本發酵 →

翻麵 → 分割 → 滾圓 →

鬆弛 → 整型 → 最後發酵 →

烤焙

果子麵包（結合葡萄種、湯種）

	製程	條件
1	麵糰溫度	26℃
2	基本發酵溫度	40 分翻麵 20 分
	基本發酵溫度	28℃
3	分割麵糰	100 克
	數量	20
4	鬆弛時間	30 分
5	最後發酵	50 分
6	上爐火溫度	210℃
	下爐火溫度	180℃
	烤焙時間	15 分

	製程	條件
葡萄菌水	發酵溫度	25℃
	時間	4~6 天
葡萄續種	發酵溫度	25℃
	時間	16 小時

配 方

葡萄菌水

材料名稱	百分比	重量
葡萄乾	100	118
水	200	236
細砂糖	50	59
麥芽精	0.5	0.6
合計	350.5	414

葡萄續種

材料	百分比	重量
高筋麵粉	100	472
葡萄菌水	40	189
草莓優格	40	189
小計	180	850

湯種麵糰

高筋麵粉	100	43
熱水	80	34
糖	10	4
鹽	1	0.4
奶油	10	4
奶水	20	9
小計	221	94

主麵糰

材料	百分比	重量
葡萄續種	180	850
湯種麵糰	20	94
高筋麵粉	100	472
糖	20	94
鹽	3	14
即溶酵母	0.7	3
水	35	165
奶水	20	94
蛋	20	94
奶油	25	118
合計	423.7	2000

湯種：

水、糖、鹽、奶油先一起煮沸再加入奶水再繼續煮沸沖入麵粉拌勻。

主麵糰：

攪拌麵糰 → 基本發酵 →

翻麵 → 分割 → 滾圓 →

鬆弛 → 整型 → 最後發酵 →

烤焙

卡門貝爾黑豆（結合 液種、葡萄種、湯種）

	製程	條件
1	麵糰溫度	26℃
2	基本發酵溫度	40 分翻麵再 20 分
	基本發酵溫度	28℃
3	分割麵糰	350 克
	數量	4
4	鬆弛時間	30 分
5	最後發酵	50 分
6	蒸氣	2 秒
	烤爐溫度	210℃ /180℃
	烤焙時間	25 分

	製程	條件
葡萄菌水	發酵溫度	25℃
	時間	4~6 天
葡萄續種	發酵溫度	25℃
	時間	16 小時
亞麻子液種	基本發酵發	1 小時
	冷藏發酵	16 小時

配方

葡萄菌水

材料名稱	百分比	重量
葡萄乾	100	47
水	200	94
細砂糖	50	24
麥芽精	0.5	0.2
合計	350.5	165

葡萄續種

高筋麵粉	100	188
葡萄菌水	40	75
水	30	56
小計	170	320

亞麻子液種

材料	百分比	重量
高筋麵粉	100	80
水	100	80
低糖乾酵母	0.2	0.2
麥芽精 （1:1 稀釋）	0.5	0.4
亞麻子	40	32
小計	240.7	192

主麵糰

材料名稱	百分比	重量
亞麻子液種	43	192
葡萄續種	71	320
湯種麵糰	14	64
高筋麵粉	100	448
蜂蜜	4	16
紅糖	7	32
鹽	2	10
乾酵母	1.7	8
水	50	224
奶水	14	64
糖漬黑豆	21	96
合計	329	1474

湯種麵糰

材料	百分比	重量
高筋麵粉	100	29
熱水	80	23
糖	10	3
鹽	1	0.3
奶油	10	3
奶水	20	6
合計	221	64

My recipes

國家圖書館出版品預行編目資料

麵包製作——理論實務與案例／葉連德著.
-- 三版. -- 高雄市：國立高雄餐旅大學，
2020.11
　　面；　公分
　ISBN 978-986-99592-2-3（平裝）

1.點心食譜　2.麵包

427.16　　　　　　　　　109015034

1LA3　餐旅系列

麵包製作
理論實務與案例

作　　者 ─ 葉連德

出 版 者 ─ 國立高雄餐旅大學（NKUHT Press）

發 行 人 ─ 楊榮川

總 經 理 ─ 楊士清

總 編 輯 ─ 楊秀麗

副總編輯 ─ 黃惠娟

責任編輯 ─ 高雅婷

封面設計 ─ 姚孝慈

出版／發行 ─ 五南圖書出版股份有限公司

地　　址：106台北市大安區和平東路二段339號4樓

電　　話：(02)2705-5066　　傳　　真：(02)2706-6100

網　　址：https://www.wunan.com.tw

電子郵件：wunan@wunan.com.tw

劃撥帳號：01068953

戶　　名：五南圖書出版股份有限公司

法律顧問　林勝安律師事務所　林勝安律師

出版日期　2015年12月初版一刷
　　　　　2018年 2 月二版一刷
　　　　　2020年11月三版一刷

定　　價　新臺幣280元

GPN：1010402696

本書經「國立高雄餐旅大學教學發展中心」學術審查通過出版